Die Chemikerprüfung

als vielumstrittene Zeitfrage

erörtert

mit Beziehung auf Schäden des Unterrichts,
der Prüfungen
und der Studentenschaft an deutschen Hochschulen

von

Professor Dr. **Alex. Naumann**

**Direktor des chem. Universitätslaboratoriums
zu Giessen.**

GIESSEN.

J. Ricker'sche Verlagsbuchhandlung

1897.

Druck von C. G. Röder in Leipzig.

Inhalt.

I. Vorwort.

In der nachfolgenden Schrift habe ich eine „brennende“ Zeitfrage behandelt, die von hoher wirthschaftlicher und auch erziehlicher Bedeutung für das deutsche Reich ist. Dass nirgends eine graue Theorie, wie etwa diejenige von der idealen Bedeutung der Doctordissertation mit mir durchgegangen ist, glaube ich annehmen zu dürfen. Mein Bestreben war, nüchtern und ohne Voreingenommenheit mich an die thatsächlichen Verhältnisse zu halten, die ja nicht immer durchweg erfreulich sind, und durchführbare und zweckmässige Vorschläge zu befürworten. Den Anlass gab mir die in der jüngsten Zeit, wie es scheint ganz plötzlich erfolgte Umwandlung der Mehrzahl meiner akademischen Fachgenossen in Gegner der Staatsprüfung für Chemiker.

Der eifrigste der entstandenen Bekämpfer einer von Reichswegen zu regelnden Chemikerprüfung, Professor Dr. W. Ostwald[1]) in Leipzig, sagt zur Erklärung seines öffentlichen Auftretens: „Aber hier steht mehr auf dem Spiele als persönliche Beziehungen, die ja ohnedies durch sachliche Meinungsverschiedenheiten nicht getrübt werden sollen, hier handelt es sich um die Zukunft unserer Wissenschaft und unseres Volkes, und da müsste ich es als eine grobe Pflichtverletzung ansehen, wenn ich nicht alle anderen Rücksichten beiseite setzte, um das zur Geltung zu bringen, was

---

[1]) Zeitschrift für Elektrochemie 1897—98, S. 9.

eine lange Beschäftigung mit dem Gegenstande, Nachdenken und Erfahrung mich sehen lassen.“ Auf gleichem Standpunkt stehe ich bei Abfassung vorliegender Schrift. Denselben habe ich bereits 1876 bethätigt durch einen veröffentlichten Vortrag über „Die Doctorpromotionen der Chemiker“[1]). Aber ich komme — wie ich glaube durch ein gründlicheres Eingehen auf die Sachlage, als es sich in den seitherigen Veröffentlichungen Ostwald's zeigt — zu entgegengesetzten Ergebnissen bezüglich der Beurtheilung sowohl der obwaltenden Verhältnisse als auch der zur Abstellung der Missstände vorgeschlagenen Maassregeln.

---

[1]) J. Ricker'sche Buchhandlung, Giessen, 1876.

Giessen, 22. September 1897.

Alex. Naumann.

II. Entstehung des Verlangens nach einer Staatsprüfung für Chemiker.

Es ist von jeher kein Geheimniss gewesen, dass ein grosser Theil der „Chemiker" auch den bescheidensten Anforderungen der Technik nicht genügen kann. Es liegt dies theils an der mangelhaften Vorbildung, theils an der mangelhaften wissenschaftlichen Ausbildung. Jeder, der an einer Universität oder technischen Hochschule einmal Chemie studirt oder auch nicht studirt hat, darf sich Chemiker nennen und so das Ansehen des Standes der Chemiker herunterdrücken. Aber auch geprüfte Chemiker, welche entweder an einer Universität die Doctorprüfung abgelegt oder an einer technischen Hochschule ein Diplom sich erworben haben, entbehren in verhältnissmässig grosser Zahl der gründlichen wissenschaftlichen Durchbildung. Die bestandenen Prüfungen geben häufig keine Bürgschaft für die Tüchtigkeit und damit auch dem Geprüften keine Gewähr für die Erreichung und Behauptung der erwünschten Berufsstellung.

In Rücksicht hierauf habe ich schon 1876 als amtlich unbetheiligter Extraordinarius eine kleine Schrift über die Doctorpromotionen der Chemiker veröffentlicht. Dieselbe wirkte mit, dass wenigstens für die Universität Giessen das damalige hessische Ministerium — an dessen Spitze der thatkräftige Freiherr von Starck stand, der selbst als Referent über Universitätsangelegenheiten einen tieferen Einblick in die fraglichen Verhältnisse gesucht und gewonnen hatte — sich die Unbequemlichkeit auflud, nicht auf eine damals von der Universität Giessen vorgeschlagene Promotionsordnung einzugehen, sondern neue Vorschläge verlangte, die Reifezeugniss und gedruckte Dissertation zu fordern hätten. So trat denn 1877 ein entsprechendes Promotionsstatut in Kraft. Aber auch an diesem nachahmenswerthen Vorbild hat seit einigen Jahren ein allmähliches Abbröckeln der strengeren Bestimmungen stattgefunden. Es könnte von unberechenbaren Zufälligkeiten abhängen, wohl auch von der Einführung oder Nichteinführung der zu besprechenden Reichschemikerprüfung mit unerlässlichem Reifezeugniss, ob man noch weiter herunterkommen wird auf der schiefen Ebene der Rückwandlung zu freilich anderwärts noch bestehenden Zuständen, welche die „Frequenz" der betreffenden Universitäten zu heben geeignet sind. Spielt doch die „Frequenz" die Hauptrolle, dieser zu Unrecht fast ausschliesslich übliche, einseitige, aber für Unverständige recht bequeme Maassstab zur Beurtheilung der Vorzüglichkeit einer Anstalt. „Andere machen es ja auch so", um „Frequenz" zu erzielen, ist eine üble Ausrede und schlechte Entschuldigung für erstrebte Abweichungen von tugendhafter Enthaltsamkeit, die freilich billig zu üben wäre, wenn sie nicht den Verzicht auf manche Vortheile bedingte.

Vielleicht ist im Ganzen in Deutschland das Unwesen in der Promovirung von Chemikern zu Doctoren in allmählicher Abnahme und der damit zusammenhängende lückenhafte Unterricht in Besserung begriffen. Die Verhältnisse würden unzweifelhaft günstiger liegen, wenn Preussen ausnahmslos den Besitz eines Reifezeugnisses (vgl. S. 19) zur Vorbedingung der Verleihung des Doctorgrades an seinen Universitäten gemacht hätte. Die Dispensationen waren schon an den kleineren preussischen Universitäten verhältnissmässig zahlreicher als an den grossen. Die Universitäten der kleineren Staaten konnten sich immerhin auf die auch in Preussen vorkommenden Dispensationen berufen, wenn sie auch in verhältnissmässig grosser Zahl immature Doctoren schufen, von denen viele gerade an den grösseren preussischen Universitäten ihr Ziel nicht hatten erreichen können. Sprach doch in letzterer Hinsicht schon 1876 der Professor der Theologie Dr. Stade[1]) in Giessen die Meinung aus, alle Uebelstände würden erst dann beseitigt sein, „wenn alle Facultäten soviel Ehrgefühl haben, schlechte und mittelmässige Producte zurückzuweisen, wenn sich keine mehr dazu hergiebt, den Abfall der grossen Universitäten zu promoviren". Vorsichtigerweise fügte derselbe hinzu, dass die unver-

[1]) In den „Grenzboten" 1876, 2, S. 457.

kennbare Wendung zum Besseren durch „unberechtigte Utilitätsgründe" in ihrer Bewegung zum Stocken gebracht werden könnte.

Versuche zur Schaffung und Erhaltung einer einträglichen Doctorfabrik sind zwar auch in den letzten Jahren nicht ganz ausgeblieben. Ein kundiges Auge wird leicht einzelne Exemplare in netter Blüthe auffinden können. Aber die öffentliche Behandlung der Angelegenheit in Volksvertretungen und auch in Zeitschriften und Zeitungen hat eine heilsame Scheu vor Blosstellung mehr verbreitet. Die betreffenden Titelsüchtigen sahen und sehen sich häufig genöthigt zur Auswanderung in die freie Schweiz. Aber auch das dortige Treiben fängt an öffentlich beleuchtet zu werden. In seiner Rede im preussischen Abgeordnetenhaus vom 28. April 1897 sagte Dr. Böttinger[1]): „Heute noch geht eine Reihe von jungen Leuten, die den Anforderungen unserer Hochschulen sich nicht gewachsen fühlen oder in Deutschland nicht recht vorwärts kommen, nach der Schweiz, machen dort an einer Hochschule in Zürich, Genf, Basel u. s. w. das Examen, weil es dort wesentlich leichter ist, und erhalten den Titel. Aber der Titel ist nach unserer Ansicht nicht das Maassgebende — er ist nicht der richtige Prüfstein des Werthes — sondern die Bestätigung der erlangten vollen Ausbildung ist es, was wir wünschen und verlangen."

Zur Hebung des Chemikerstandes ist zuerst die „Chemikerzeitung" [2]) seit dem Jahre 1879 eingetreten für die Einführung einer allgemeinen Staatsprüfung. Dann hat der „Verein deutscher Chemiker", der früher den Namen „Gesellschaft für angewandte Chemie" führte und jetzt gegen 2000 Mitglieder zählt, seit seinem Bestehen die bessere Ausbildung der Chemiker und damit die Hebung des Chemikerstandes in's Auge gefasst und als geeignetes Mittel ebenfalls die Einführung einer von Reichswegen zu regelnden Staatsprüfung für Chemiker erkannt. Diesbezügliche Verhandlungen haben seit 1888 durch viele Jahre in Sectionssitzungen und in Generalversammlungen stattgefunden nebst einem fortwährenden lebhaften Meinungsaustausch in der Zeitschrift für angewandte Chemie. Dadurch haben sich die Ansichten geklärt, sind einseitige übertriebene Forderungen gemässigt worden und Anschauungen ausgereift, welche in den jüngeren Sitzungsberichten,

---

[1]) Zeitschrift für angewandte Chemie 1897, S. 318.

[2]) Vgl. Chemikerzeitung 1896, 20, S. 35, auch S. 457, 641 u. a. a. O.

wie es scheint ohne erheblichen Widerspruch, zum Ausdruck gelangt sind. Deshalb soll auf diese vorwiegend Bezug genommen werden.

Ein hervorragendes Mitglied des Vereins deutscher Chemiker Dr. H. T. Böttinger, Director der Farbenfabriken Elberfeld, hat als Mitglied des preussischen Abgeordnetenhauses wiederholt die Gelegenheit wahrgenommen, in eingehenden Reden im Sinne des Vereins deutscher Chemiker über die Sachlage im Abgeordnetenhause öffentlich aufzuklären. Derselbe sagt in seiner ersten Rede in der Sitzung vom 27. März 1894[1]): „Eine sehr grosse Anzahl von Chemikern verlässt heute die Universität mit dem Doctortitel — Doctor philosophiae oder dem Doctor rerum naturalium — versehen, die glauben, damit vollständig ausgebildet zu sein. Sie verlassen die Universität vielfach nicht mit dem nothwendigen Niveau der chemischen Ausbildung; ich möchte sogar sagen: es fehlt ihnen oft noch mehr an dem nothwendigen Niveau der allgemeinen Ausbildung. Sie figuriren und halten sich berechtigt, gleichmässig zu stehen mit anderen ihrer Collegen, die sich gründlich ausgebildet haben, die vielleicht diesen Doctortitel nicht erstrebt und sich nicht erworben haben. Ich muss dieses betonen, um hier hervorzuheben, dass das Doctordiplom kein Maassstab ist für die Ausbildung der Chemiker, dass viele unter ihnen, die keinen Doctor haben, weit gründlicher durchgebildet sind, eine weit gründlichere Erfahrung sich gesammelt, ein weit gründlicheres Fundament sich angeeignet haben, als diejenigen, die diesen Titel erworben haben."

In seiner zweiten diesbezüglichen Abgeordnetenhausrede vom 28. April 1897 sagt derselbe[2]): „Unsere Universitäten und technischen Hochschulen liefern uns alle Jahre eine grosse Anzahl von Chemikern. Aber es handelt sich bei uns nicht um die Quantität, um die Zahl, sondern es handelt sich bei uns vornehmlich um die Qualität[3]), und wir, die wir gerade mit diesen Herren so vielfach

[1]) Sitzungsbericht S. 946.

[2]) Zeitschrift für angewandte Chemie 1897, S. 317.

[3]) Dass auch die Hochschulen mehr Gewicht auf die Qualität und weniger auf die Zahl legen sollten, habe ich schon 1876 in der im Vorwort erwähnten kleinen Schrift über die Doctorpromotionen der Chemiker betont mit den Worten: „Die Gesammtsumme der Leistungen in den naturwissenschaftlichen Fächern und insbesondere in der Chemie, welche sich darstellt als das Product der Zahl der Schüler und der mittleren Leistung des

zu thun haben, müssen leider offen gestehen, dass sie in ihrer wissenschaftlichen Bildung nicht mehr auf der Höhe sind, dass die Qualität nicht mehr dem entspricht, was wir fordern und was die Technik und auch die Wissenschaft unbedingt nöthig hat. Da übersehen Sie nicht, wie gerade die chemische Wissenschaft auf allen Gebieten immer mehr und mehr eindringt; sie bildet immer mehr und mehr einen integrirenden Theil, möchte ich sagen, derselben, und die Folge davon ist, dass sich das Bedürfniss nach Chemikern dadurch ausserordentlich vergrössert. Bei dem jetzigen Modus der Ausbildung aber muss ich wiederholen, was ich schon gesagt habe, dass sich zu leicht eine Kategorie zweiter Güte heranbildet zum Nachtheil des Ganzen. Und warum und wie kommt das? Dadurch, dass uns beim Uebergang in das praktische Leben durch die Prüfung jede Controle bei dieser Gruppe wissenschaftlicher Männer fehlt."

Auf diese Rede antwortete der Regierungscommissär Ministerialdirector Dr. Althoff[1]): „Der Herr Abgeordnete Dr. Böttinger hat sich zunächst für die Einführung eines Staatsexamens für Chemiker ausgesprochen und gefragt, wie es mit dieser Angelegenheit, über die bekanntlich schon vor mehreren Jahren hier verhandelt wurde, gegenwärtig stehe. Ich bin in der Lage, darauf zu antworten, dass die Sache beim Reich schwebt. Die Reichsregierung hat seiner Zeit die Prüfung von Nahrungsmittelchemikern angeordnet und jetzt auch die Frage in die Hand genommen, ob eine allgemeine Staatsprüfung für Chemiker einzuführen sei. Die preussische Regierung hat zu dieser Frage eine günstige Stellung eingenommen und sich in dem Sinne geäussert, wie das der Herr Abgeordnete Böttinger hier soeben angeregt hat."

Wie gering selbst der Bundesrath die Doctorprüfung veranschlagt hat, geht aus den Vorschriften betreffend die Prüfung der Nahrungsmittelchemiker hervor. Nach § 16, 4, Absatz 2, wird die Vorprüfung erlassen denjenigen, die als Apotheker mit dem Prädikat „sehr gut" bestanden haben; ebenfalls wird dieselbe

Einzelnen, würde sich trotz Abnahme des einen Factors voraussichtlich günstiger gestalten durch das Wachsen des anderen Factors, nämlich durch die erhöhte Leistung der Studirenden. Und hierin muss der Docent den eigentlichen Segen seiner Wirksamkeit erblicken, einen mehr als vollen Ersatz für etwaige materielle Schädigung durch Abnahme der Schülerzahl."

[1]) Zeitschrift für angewandte Chemie 1897, S. 320.

nach §. 7, Absatz 5, denjenigen, welche die Prüfung für das höhere Lehramt bestanden haben, je nach dem Ausfall dieser Prüfung ganz oder theilweise erlassen. Die bestandene Doctorprüfung kommt überhaupt nicht in Betracht; sie begründet keinerlei Anspruch auf irgendwelchen Erlass.

Gleichfalls genügt den Chemikern, welche in der Technik hervorragende Stellungen einnehmen, nicht die Diplomprüfung der technischen Hochschulen. Dr. Böttinger sagt darüber in seiner Abgeordnetenhausrede vom 7. März 1894[1]: „Es wird geklagt, dass gerade die Chemiker auf den technischen Hochschulen sich zu vielseitig ausbilden müssen, sich zu vielseitig zu befassen haben mit anderen Sachen, dass sie die Chemie, die doch eigentlich für sie die Hauptsache bilden soll, nicht genügend in den Vordergrund stellen.“ Derselbe äussert sich weiter dahin, dass für den künftigen technischen Chemiker eine eingehende Befassung mit dem Maschinen- und Baufach nicht nöthig sei. Dafür gebe es ausgebildete und geeignete Ingenieure, denen der Chemiker die praktische Ausführung seiner Gedanken überlassen solle. Er selbst solle sich auf die chemische Methodik beschränken und streben, hier Tüchtiges zu leisten und zu schaffen. (Siehe auch unten den Abschnitt VII.)

Nur in Rücksicht auf die Bedürfnisse der technischen Chemie eine Abänderung der allgemeinen Prüfungseinrichtungen an Universitäten und technischen Hochschulen zu treffen, ist unthunlich, weil diese Einrichtungen, wie die Doctorprüfung oder die Diplomprüfung sich noch auf ganz andere Fächer erstrecken, noch ganz anderen Bedürfnissen Rechnung tragen müssen. Auch ist eine solche Aenderung von Seiten des Reichs undurchführbar, weil die einzelnen Universitäten und technischen Hochschulen nicht von ihm abhängen.

Deshalb hat der Verein deutscher Chemiker, unterstützt von dem Verein zur Wahrung der Interessen der chemischen Industrie Deutschlands, in gleichem Sinne wie die Chemikerzeitung (s. S. 9), dem Deutschen Reiche angesonnen: die Einführung einer allgemein giltigen, an allen deutschen Universitäten und technischen Hochschulen an bestimmte Vorschriften gebundenen Prüfung, entsprechend der unterdess eingerichteten Staatsprüfung der Nahrungsmittelchemiker.

---

[1]) Sitzungsberichte S. 946.

Dieses Ansinnen wird begründet durch die hohe wirthschaftliche Bedeutung der deutschen chemischen Industrie. Die Gesammtproduction der chemischen Industrie in Deutschland belief sich im Jahre 1891 auf einen Werth von 606 000 000 Mark [1]). Dabei waren nach der berufsgenossenschaftlichen Aufstellung 5273 Betriebe mit einem Aufwand von 83 800 000 Mark für bezahlte Arbeitslöhne thätig. [2])

Im Jahre 1895 war die chemische Industrie am Auslandsverkehr mit einer Werthsumme von 572 Millionen Mark oder 10 Procent des Gesammtumsatzes betheiligt. Die Einfuhr im Werthe von 272 Millionen Mark entfällt hauptsächlich auf Rohstoffe, die Ausfuhr im Werthe von 300 Millionen Mark trifft vorwiegend Fabrikate [3]).

Angesichts der grossen Anstrengungen, die das Ausland im Wettbewerb macht, ist gewiss das Vorgehen der betheiligten Kreise gerechtfertigt, „auf die Schäden der heutigen Erziehung der Chemiker aufmerksam zu machen und das Verlangen nach besser vorgebildeten, zumal allgemeiner ausgebildeten Chemikern zu stellen“ [4]). Denn „nur die Erziehung zu wissenschaftlicher, methodischer Forschung, zur planmässigen Verfolgung eines Zieles, aufgebaut auf dem Fundament solider Kenntnisse, vermag dem angehenden Techniker die Fähigkeit zu verleihen, nicht allein einem hergebrachten Betriebe sich anzupassen, sondern auch selbstständig am Fortschritt desselben mitzuarbeiten und sich fortdauernd an der Spitze zu erhalten. Denn nirgends hat der alte Satz „Stillstand ist Rückschritt“ eine grössere Berechtigung als auf dem Gebiete der Technik“ [5]).

Dr. C. Duisberg [6]) schliesst eine gegen die absprechenden Behauptungen Prof. Ostwald's (siehe Abschnitt V) gerichtete neuerliche Besprechung des Staatsexamens mit den Worten: „Der einzig

---

[1]) Professor Dr. H. Wichelhaus, Wirthschaftliche Bedeutung chemischer Arbeit, 1893, S. 39.

[2]) Dr. Böttinger, Berichte über die Sitzung des preussischen Abgeordnetenhauses am 7. März 1894, S. 946.

[3]) Professor Dr. H. Bunte, Karlsruhe, Wissenschaftliche Forschung und chemische Technik, Festrede 1896, S. 16.

[4]) Dr. C. Duisberg, Elberfeld, Zeitschrift für angewandte Chemie 1897 S. 532.

[5]) H. Bunte, a. a. O. S. 17.

[6]) Zeitschrift für angewandte Chemie 1897, S. 541.

gangbare Weg, um die bestehenden Examina zu verbessern, um eine durch ganz Deutschland gleichmässig für Universitäten wie für technische Hochschulen geltende einheitliche Regelung der Erziehung der Chemiker durchzuführen, um den Stand der Chemiker zu heben und ihm nur bessere Elemente zuzuführen, um die zwischen den beiden Ausbildungsanstalten bestehende Kluft zu überbrücken, ist, ohne dass eine Schädigung der chemischen Wissenschaft, der Universitäten und des Doctorexamens eintritt, die Einführung des von uns geplanten staatlich zu regelnden Chemikerexamens".

III. Die vorgeschlagene Prüfungsordnung.

Der Verein deutscher Chemiker hat in seiner Hauptversammlung in Halle am 1. Juni 1896 den Entwurf einer Prüfungsordnung zur Einführung eines allgemeinen deutschen Staatsexamens für technische Chemiker in folgender Fassung angenommen[1]):

„Bei der Meldung sind vorzulegen:

1. Reifezeugniss eines deutschen Gymnasiums, Realgymnasiums oder einer neunklassigen Oberrealschule, bez. einer gleichwerthigen deutschen Industrieschule;
2. Nachweis eines zweijährigen Studiums bei der Meldung zur Vorprüfung und eines vierjährigen Studiums bei der Meldung zur Hauptprüfung, wobei Universität und technische Hochschule gleichwerthig sind. Es werden ferner die Semester einer deutschen, vom Staate anerkannten, akademischen Lehranstalt in gleicher Weise wie Universitäts- und Hochschulsemester angerechnet, jedoch dürfen nicht mehr wie zwei derartige Semester im Ganzen in Anrechnung kommen. Bestimmung und Auswahl der ausserdeutschen akademischen Lehranstalten, an welchen gleichfalls zwei Semester verbracht werden können, sind von Seiten des Bundesrathes zu erlassen.

I. Vorprüfung.

Zu Ende des vierten Semesters kann die Vorprüfung stattfinden. Zunächst ist unter Aufsicht einer Prüfungs-Commission

---

[1]) Zeitschrift für angewandte Chemie 1896, S. 405.

eine qualitative und eine quantitative Analyse auszuführen. Dann folgt die mündliche Prüfung in:

anorganischer Chemie,
analytischer Chemie,
Physik,

ferner nach Wahl des Candidaten

entweder:

in Mineralogie, Krystallographie, sowie in den Grundzügen der Geologie und Botanik

oder

in Grundzügen der Mineralogie und Geologie nebst Elementen der Maschinenkunde und Bau-Constructionslehre.

a) Candidaten, welche die Vorprüfung zu dem Nahrungsmittel-Chemiker-Examen bestanden haben, sollen von der mündlichen Prüfung bei der Vorprüfung dispensirt und nur der praktisch-analytischen Prüfung unterzogen werden.

b) Staatlich geprüfte Apotheker, welche das Reifezeugniss gemäss 1 besitzen und mit der Note „sehr gut" das Staatsexamen bestanden haben, sollen in der Vorprüfung nach viersemestrigem Gesammtstudium unter Erlass der übrigen Gegenstände nur theoretisch und praktisch in analytischer Chemie geprüft werden.

II. Hauptprüfung.

Die Zulassung zur Hauptprüfung erfolgt frühestens am Schluss des vierten Semesters nach bestandener Vorprüfung. Bei der Meldung ist der Nachweis von mindestens sechs Semestern praktischer Arbeiten im chemischen Laboratorium einer Universität oder einer technischen Hochschule oder einer der gemäss 2. zulässigen Anstalten — unter Beschränkung der an den letzteren zu verbringenden Zeit auf zwei Semester — zu liefern.

Die Prüfung umfasst:

1. eine schriftliche Arbeit über eine vom Candidaten ausgeführte wissenschaftliche Experimentaluntersuchung im Gebiete der Chemie (Bescheinigung des akademischen Lehrers, dass der Candidat die Arbeit selbst gemacht hat);
2. eine mündliche Prüfung, die sich erstreckt auf theoretische, anorganische und organische Chemie, Grundzüge der physikalischen Chemie, einschliesslich der Elektrochemie; technische Chemie und Grundzüge der Nationalökonomie".

Dieser Entwurf verlangt besonders in der Vorprüfung zu vielerlei[1]). Dies würde nothgedrungen zu vorwiegend gedächtnissmässiger Aneignung ohne tieferes Eingehen führen, zur Zersplitterung der Kräfte und Verflachung des wissenschaftlichen Denkens. Der Schüler wird von Allem etwas und in der Hauptsache nichts gelernt haben, während doch die wissenschaftliche Gründlichkeit als die unerlässliche Vorbedingung zur Erweckung der Fähigkeiten des künftigen Chemikers zu betrachten ist.

Es wäre ja gewiss recht wünschenswerth, wenn der Chemiker in allen den genannten Fächern bewandert wäre. Leider ist dies bei dem reichen Inhalt jedes einzelnen nicht zu erreichen. Man zersplittere also nicht die Kräfte des studirenden Chemikers, damit er wenigstens in den vier Studienjahren in seinem Hauptfache gründlich lernen kann, wissenschaftlich zu denken und zu arbeiten. Er wird sich dann später, wenn es sein muss, auch auf anderen Gebieten mit Erfolg versuchen können. Auch bedenke man, dass die geistige Schulung auf dem Gebiete der Chemie die Hauptsache ist, dass die Hochschule vorwiegend die wissenschaftliche Befähigung erwecken soll, damit sich der Chemiker in der Praxis zurechtfinden kann und auch den Fortschritten der Wissenschaft zu folgen und diese zu verwerthen versteht. Mit vielerlei gedächtnissmässigem Wissen ist da nicht gedient, das lässt bei der heutigen raschen Entwicklung der Technik sehr bald im Stich.

Die Studienzeit auf den Hochschulen beträgt nur wenige Jahre, in welchen man nur die Befähigung ausbilden kann für die weitere fruchtbare Entwicklung im Leben und in der Praxis. Ein Vollpfropfen mit allerlei Kenntnissen wirkt nur schädlich, das Verständniss und das Urtheilsvermögen sind in erster Linie auszubilden. Die geistige Verdauungsfähigkeit für wissenschaftlichen Stoff selbst eines begabteren jungen Mannes ist viel geringer, als der Entwurf voraussetzt.

Wenn man schon in der Vorprüfung nach kaum viersemestrigem

[1]) Die nachstehenden Ausführungen sind grossentheils wörtlich einem Gutachten entnommen, welches ich als gewünschte Beurtheilung eines von dem obigen nur wenig abweichenden Prüfungsordnungsentwurfs dem Schriftführer des jetzigen Vereins deutscher Chemiker am 15. November 1895 eingesandt habe. Die unterdess erfolgten Aeusserungen gleichen Sinnes der Professoren Volhard und v. Baeyer habe ich als werthvolle Bekräftigung meiner Anschauungen eingeschaltet.

Studium sechs Examinatoren dem Prüfling gegenüberstellt, so würde man damit das Selbstgefühl des Studirenden vernichten, indem man ihn der Gnade der Vertreter so vielerlei Fächer preisgiebt, statt dass man bei der Beschränkung auf wenige Fächer ihn in die Lage bringt, das erhebende Bewusstsein haben zu können, den Anforderungen der Prüfung gewachsen zu sein.

Würde man die Vorprüfung auf anorganische Chemie, analytische Chemie, Physik und Grundzüge der Mineralogie beschränken, so würde ich den Studirenden fast immer noch für überlastet halten. Er hätte dann immerhin in zwei Jahren zu bewältigen: die Vorlesungen über anorganische Chemie und analytische Chemie, die Uebungen im chemischen Laboratorium; die Vorlesungen über Physik zwei Semester hindurch und dann ein physikalisches Praktikum; die Vorlesung über Mineralogie und ein mineralogisches Praktikum, welches wohl noch mikrochemische Analyse einbegreifen könnte. Es ist dies fast mehr als genug. Man muthe dem Studirenden keinenfalls noch mehr Fächer zu, fordere aber in der Prüfung gründliches Verständniss.

In der Hauptprüfung wären ebenfalls die Grundzüge der Nationalökonomie unbedingt zu streichen, als das billiger Weise abzuverlangende Maass an Kenntnissen weitaus überschreitend. Wenn der Professor der Nationalökonomie zu prüfen hat, so wird er voraussichtlich verlangen, dass der Chemiker seine ausführliche vielstündige Vorlesung über Nationalökonomie hört, und wo sollte das hinführen. Man darf nicht die Erwerbung aller wünschenswerthen Kenntnisse der kurzen Studienzeit abverlangen, sondern kann füglich auch der späteren nach jeweiligem Bedürfniss sich richtenden Weiterbildung Einiges zumuthen.

Bei dem aufgeführten Prüfungsgegenstand „technische Chemie" setze ich voraus, dass ein allgemeiner Ueberblick genügen kann und dass es der Wahl des Prüflings überlassen bleibt, ob überhaupt und in welchen einzelnen Zweigen der technischen Chemie er sich eingehender prüfen lassen will, wie etwa in Metallurgie, Heizung u. s. w.

Im Uebrigen darf bezüglich Maschinenkunde, Bauconstructionslehre und eingehenderer technischer Abrichtung verwiesen werden auf den späteren Abschnitt VII.

Das vorstehend begründete Verlangen der Beschränkung der Zahl der Prüfungsfächer auf die allernothwendigsten hat auch

Professor Dr. Volhard[1]) in Halle erhoben. Er hält es für selbstverständlich, dass die Prüfung eine strenge sein muss, und sagt unter anderem: „Für die Strenge der Prüfung ist es erforderlich, alles, was nicht absolut nothwendig ist, auszuschliessen."

In gleichem Sinne hat sich neuerdings auch Professor Dr. v. Baeyer[2]) in München in der IV. Hauptversammlung der deutschen elektrochemischen Gesellschaft geäussert: „Das, was ich aber fürchte, ist, dass man zuviel in's Examen hineinbringt. Wenn man nur das hineinbringt, was allen Chemikern nöthig ist, dann ist es gut. . . . Die Chemie, das wissen die Herren selbst, ist ja so umfangreich, dass schon ein phänomenales Gedächtniss dazu gehört, um die fundamentalen Kenntnisse in allen Fächern derselben zu haben. Wenn man nun noch die Physik dazu nimmt, und ich bitte, dass man auch die Forderungen in der Physik möglichst verstärkt, und ich glaube, da werden auch die Herren Collegen damit einverstanden sein, dass man hier nicht zu milde ist, und wenn man die Mineralogie noch dazu nimmt, so glaube ich, wird das Pensum vollständig ausreichen."

Soll in wenigen Worten das in vorstehenden Erörterungen begründete Urtheil über den vorliegenden Prüfungsordnungsentwurf niedergelegt werden, so verlangt derselbe zu vielerlei, besonders in der Vorprüfung. Dadurch würde er zu oberflächlicher gedächtnissmässiger Aneignung von mancherlei Kenntnissen nöthigen, aber aus Zeitmangel Lust und Liebe zu eingehenderem Studium des Hauptfachs und eigenes wissenschaftliches Arbeiten nicht aufkommen lassen.

Man bedenke doch auch, dass in den jetzt in gutem Zustande befindlichen Mittelschulen die Grundzüge mancher wünschenswerthen Nebenfächer gelehrt werden, und verlange deshalb nur die unbedingt nothwendigen, zu Gunsten der gründlichen Bewältigung des Hauptfaches. Jeder Prüfling soll ja nach dem Prüfungsordnungsentwurf die Reifeprüfung an einer der verschiedenen Mittelschulen abgelegt haben, in welcher ja das Vielerlei in seinen Grundzügen bereits gelehrt wird. Man verlange in der Fachprüfung der Hochschule non multa sed multum.

Der Besprechung der überaus wichtigen und meines Erachtens für eine heilsame Gestaltung der geplanten Einrichtung einer

[1]) Zeitschrift für angewandte Chemie 1896, S. 397, 403.

[2]) Zeitschrift für Elektrochemie 1897—98, S. 25.

Reichschemikerprüfung ganz unerlässlichen Forderung eines Reifezeugnisses ist der folgende Abschnitt besonders gewidmet wegen der bedeutenden Tragweite dieser Angelegenheit.

IV. Die Unerlässlichkeit des geforderten Reifezeugnisses.

Wenn nicht von vornherein der günstige Erfolg einer allgemeinen Staatsprüfung für Chemiker auf das Allerbedenklichste gefährdet werden soll, so muss als ausnahmslose Vorbedingung die Beibringung eines Reifezeugnisses eines Gymnasiums, eines Realgymnasiums oder einer neunklassigen Oberrealschule, oder etwa gleichwerthiger Vorbildungsanstalten gefordert werden. Darin sind die hervorragendsten Techniker einig. Die von der Chemikerzeitung und die von dem Verein deutscher Chemiker der Reichsregierung vorgeschlagenen Prüfungsordnungen enthalten übereinstimmend diese Forderung.

Dr. Böttinger sagte in der Sitzung des preussischen Abgeordnetenhauses vom 28. April 1897: „Es ist zunächst erforderlich, dass zu dem Studium der Chemie nur diejenigen jungen Leute zugelassen werden, die durch Ablegung des Abiturientenexamens, sei es auf einem Gymnasium, sei es auf einer Oberrealschule oder einem Realgymnasium[1]) sich die gründliche Vorbildung erworben haben."

Ferner erklärte Dr. Edgar Holzapfel[2]), Director der Akademie bezw. des „Höheren technischen Instituts" zu Cöthen: „Ich fasse meine Ausführungen in eine Bitte zusammen, die ich zum Schluss Ihnen Allen an das Herz legen möchte. Wo immer ein junger Mann sich entschliesst, Chemiker zu werden — mag er zu seinen Studien das Polytechnikum wählen, mag er die Universität beziehen oder sich der Akademie Cöthen zuwenden — rathen Sie ihm dringend in seinem eigensten Interesse, im Interesse seiner Zukunft und im Interesse unseres ganzen Standes, vorher das Abiturientenexamen zu absolviren!"

---

[1]) Im Original steht „Realschule". Herr Dr. Böttinger hat mir jedoch auf eine Anfrage brieflich geantwortet, dass ein übersehener Fehler vorliege und es „Realgymnasium" heissen müsse statt Realschule.

[2]) Zeitschrift für angewandte Chemie 1894, S. 98.

Der jetzige Director an den Höchster Farbwerken, Professor Dr. Aug. Laubenheimer, mein früherer Schüler und College, findet nach einer früheren brieflichen Aeusserung vom 24. Januar 1895 die Hauptursache der Unbrauchbarkeit einer nicht geringen Anzahl von Chemikern darin, „dass so viele in der Schule verkrachte Individuen sich noch für gut genug erachten Chemie zu studiren“. Durch die unbedingte Forderung eines Reifezeugnisses würde diese Sorte von Chemikern ausscheiden.

Aber auch bessere Schüler lassen sich verlocken, frühzeitig, etwa mit der Reife für Obersecunda, die Schule zu verlassen und zum Studium der Chemie überzugehen. Dass deren Leistungen im Allgemeinen auch geringwerthig bleiben müssen, liegt auf der Hand. Gerade in den oberen Klassen der Mittelschulen wird der Mathematikunterricht am ausgiebigsten betrieben, wird die Vorübung in rechnender Behandlung naturwissenschaftlicher Fragen, insbesondere solcher aus der Bewegungslehre, sowie Geläufigkeit und Vertrautheit bezüglich räumlicher Anschauungen gewonnen.

Diese allmähliche Gewöhnung an mathematisches Denken und an die Handhabung der Hilfsmittel der niederen Mathematik, wie sie beim Durchlaufen einer Mittelschule, und selbst eines Gymnasiums, in den oberen Klassen erreicht werden kann, lässt sich kaum ersetzen oder bei empfundenem Mangel später kaum genügend nachholen. Wem sie abgeht, der kann den physikalischen Vorlesungen nicht mit vollem Verständniss folgen und ganze Kapitel der Chemie — wie Stereochemie, Thermochemie, Elektrochemie u. s. w. — bleiben ihm mehr oder weniger verschlossen. Es ist z. B. allbekannt, wie wenig die Pharmaceuten, welche mit der Reife für Obersecunda gewöhnlich von der Schule abgehen, den physikalischen Vorlesungen zu folgen vermögen, wie verhältnissmässig gering ihre Leistungen in der Prüfung in Physik ausfallen.

Ein vorzeitig aus der Schule ausgetretener Chemiker kann also nicht in der Chemie allseitig durchgebildet werden. Jeder Laboratoriumsvorstand wird das Gefühl gewonnen haben, dass die vergleichsweise viele Zeit und grosse Mühe, welche man an Schüler mit ungenügender Vorbildung bei hervortretendem guten Willen und regem Streben zu wenden pflegt, unter Erzielung verhältnissmässig geringer Erfolge, viel mehr Nutzen gestiftet haben würde, wenn sie den Schülern mit guter Schulbildung zu Gute gekommen wäre.

Wird die Prüfungsordnung von den Chemikern das Reifezeugniss verlangen, so werden die immaturen und damit von vornherein im Allgemeinen zur Minderwerthigkeit verurtheilten Chemiker bald von der Bildfläche ziemlich verschwinden. Es bleibt dann noch übrig, auch den Apothekern die von ihnen selbst seit langen Jahren immer und immer wieder, aber bis jetzt ohne Erfolg erstrebte Einführung der Reifeprüfung zu gewähren gegen Erleichterungen bezüglich der Lehrlings- und Gehilfenzeit. Dann würden die Hauptursachen beseitigt sein, welche jetzt noch die Thätigkeit eines akademischen Lehrers der Chemie in ihrem erspriesslichen Erfolg herabdrücken.

Sollte aber ein ganz hervorragend begabter und strebsamer junger Mann durch irgendwelche Zufälligkeiten an der Ablegung einer Reifeprüfung behindert sein, so mag er zusehen, wie er ohne Befolgung der für die weitaus überwiegende Mehrzahl sehr heilsamen Prüfungsvorschriften seinen Weg findet. Haben doch schon häufig ausnahmsweise beanlagte Männer einen erwünschten segensreichen Wirkungskreis angebahnt erhalten und erfolgreich behauptet. Immerhin wird man aber auch angesichts solcher Fälle die Frage aufwerfen dürfen, ob die Leistungen nicht doch noch hervorragendere geworden wären, wenn die Betreffenden auch noch über die durch eine gründliche Vorbildung gewährten Hilfsmittel verfügt hätten.

Es könnte noch die Frage aufgeworfen werden, welche Vorbildungsanstalt vorzuziehen sei für den künftigen Chemiker, ob das Gymnasium, das Realgymnasium oder die Oberrealschule erster Ordnung. Man hat früher wohl nicht mit Unrecht das Gymnasium vorgezogen. Aber damals war es die einzige Mittelschule, welcher gründlich vorgebildete tüchtige Lehrer zur Verfügung standen. An einer Realschule konnte jeder verunglückte Theologe gar Direktor werden, ohne seine Lehrbefähigung vorher noch besonders erweisen zu müssen; und wer sonst Schiffbruch gelitten hatte, konnte leicht immer noch an einer Realschule als Lehrer ankommen. Diese Verhältnisse haben sich allmählich völlig geändert. Heutigen Tages besitzen all die genannten Mittelschulen tüchtig vorgebildete Lehrer; keine ist mehr ganz einseitig; auch die Oberrealschule hat wenigstens die neueren Sprachen, das Gymnasium mehr Mathematik und Naturwissenschaften.

Wie es für die körperliche Ausbildung ziemlich gleichgiltig erscheint, ob Jemand mehr am Schwingel, am Reck, am Barren oder an der Streckschaukel geturnt oder die Freiübungen mit oder ohne künstliche Beschwerung durch Hanteln, Gewichte, Stäbe vorgezogen hat; so wird es auch für die geistige Ausbildung keinen wesentlichen Unterschied bedingen, ob Jemand seine geistigen Fähigkeiten mehr geübt hat an Sprachen oder an Naturwissenschaften. Nur ein verstockter „klassischer“ Philologe wird heutigen Tags noch fest an der Ansicht halten, dass das von dem modernen Ballast der Mathematik und Naturwissenschaften wieder zu entlastende Gymnasium das alleinige Heil gewähren könne. Giebt es doch sogar schon Gymnasialdirectoren, welche die Gleichwerthigkeit der Oberreal- und Gymnasialbildung anerkennen.

Also von dem künftigen Staatschemiker ist unter allen Umständen eine durch bestandene Reifeprüfung, sei es an einem Gymnasium, einem Realgymnasium oder einer Oberrealschule, zu erweisende gute Schulbildung zu fordern.

V. Gegenbestrebungen und deren Haltlosigkeit.

Neuerdings sind aus Universitätskreisen Stimmen laut geworden gegen die Einführung einer Chemikerprüfung. Der eifrigste Bekämpfer derselben, Professor Dr. W. Ostwald[1]) in Leipzig sagt: „Das Examen ist ein so schlechtes Mittel, um über die wissenschaftliche und inventive Fähigkeit eines Chemikers Auskunft zu erlangen, dass wir es nur anwenden dürften, wenn kein anderes vorhanden ist. Und das Bestehen des Examens ist ganz und gar keine Sicherheit dafür, dass der Candidat bei der praktischeu Arbeit das leistet, was er soll: denn darauf hin kann er ja nicht examinirt werden.“

Was den letzten Punkt anlangt, so übersieht Ostwald, dass der Prüfungsordnungsentwurf schon für die Vorprüfung die Ausführung einer qualitativen und einer quantitativen Analyse und weiter für die Hauptprüfung den Nachweis von mindestens sechs Semestern praktischer Arbeiten im chemischen Laboratorium ver-

[1]) Ostwald's Ansichten finden sich niedergelegt in der Zeitschrift für Electrochemie 1897—98, S. 1 bis 12; ein gelegentlicher Nachtrag in der Zeitschrift für physikalische Chemie 1897, 23, S. 568 bis 569.

langt, ausserdem eine experimentelle Untersuchung im Gebiete der Chemie.

Im Uebrigen wird doch Ostwald wohl nicht ernstlich in Abrede stellen wollen, dass man sich in einer Prüfung über das Vorhandensein eines zu fordernden Mindestmaasses wissenschaftlicher Befähigung und der Vertrautheit mit den bekannten Anschauungen der Chemie überzeugen kann, sogar einigermaassen von der wissenschaftlichen Findigkeit des Prüflings, darüber ob er, wenn ich mich so ausdrücken darf, Uebung im chemischen Denken erlangt hat. Dabei setze ich voraus, dass ein einsichtiger Examinator nicht nach Gedächtnisswissen, sondern nach Verständniss prüft.

Ostwald erblickt das alleinige Heil in der seitherigen Doctordissertation. Die überaus hohe Bedeutung, welche er derselben zuschreibt, zeugt zwar von idealem Sinne, steht aber wenig im Einklange mit dem wirklichen Zustandekommen vieler Dissertationen. Deshalb soll man nun die Dissertationen nicht verwerfen, sondern wie es der Prüfungsordnungsentwurf thut, Vorbeugungsmaassregeln treffen gegen die eingerissenen Missstände.

Schon vor zwanzig Jahren bin ich in der im Vorwort erwähnten kleinen Schrift für die gedruckte Dissertation eingetreten und habe u. a. erklärt: „Wenn ein Chemiker nach Vollendung seiner Studien sich niemals an der Lösung einer wissenschaftlichen Aufgabe versucht hat, so glaubt auch der Fabrikbesitzer dessen gründliche Durchbildung und praktische Brauchbarkeit mit Recht bezweifeln zu dürfen."

In Uebereinstimmung hiermit verlangt auch der Prüfungsordnungsentwurf „eine experimentelle Untersuchung im Gebiete der Chemie".

Zur erspriesslichen Ausführung einer wissenschaftlichen Arbeit sind aber unstreitig die nach der Prüfungsordnung vorher schon durch die Vorprüfung zu erweisenden Kenntnisse und praktischen Fertigkeiten erforderlich. Dass man auf die allgemeinen chemischen Vorkenntnisse und die vorherige wissenschaftliche chemische Durchbildung zu wenig Werth gelegt hat bei den gleichzeitig in der Anfertigung der Dissertation eingeschlichenen Missbräuchen, hat die chemische Doctorprüfung in Verruf gebracht, indem aus ihr wissenschaftlich und praktisch gleich unbrauchbare „Doctoren" in verhältnissmässig grosser Zahl hervorgehen konnten. (Vgl. S. 10 u. 26).

Vollständig einverstanden wird man mit Ostwald sein, wenn er sagt: „Die unmittelbare Aufgabe der Hochschule, den Schüler durch die Beherrschung des Bekannten zur Eroberung des Unbekannten zu führen, braucht nur sachgemäss erfüllt zu werden, um der Technik die Hilfskräfte zu liefern, die sie brauchte."

Aber darin besteht ja eben die Klage der hervorragenden Techniker, dass viele der chemischen Doctoren nicht genügend allgemeinwissenschaftlich ausgebildet seien, dass man die Eroberung des Unbekannten mit ihnen versucht hat, bevor sie es zur Beherrschung des Bekannten gebracht hatten. Gerade durch die vorgeschlagene Chemikerprüfung mit der Vorprüfung will die Technik eine Bürgschaft für die Beherrschung des Bekannten gewinnen. Was hilft ihr die schönste Dissertation, wenn derjenige, dessen Name dieselbe trägt, keine zuverlässige anorganische Analyse oder Gasanalyse ausführen kann, und in elementaren chemischen Dingen nicht Bescheid weiss, weil die Professoren in der Prüfung, um mit Ostwald zu reden, „kolossal nett" gewesen waren.

Und wie kommen denn die Dissertationen in vielen Fällen zu Stande? Begeistert ruft Ostwald: „An selbstgewählter Arbeit die Kräfte zu versuchen — wem wird nicht wieder das Herz frisch bei der Erinnerung . . . ." Der Bruchtheil der chemischen Doctoren, welcher sich den Gegenstand der wissenschaftlichen Untersuchung selbst gewählt hat, ist ein sehr kleiner. Sich selbst darf doch Ostwald gewiss nicht als den Typus eines Durchschnittschemikers hinstellen, für den eine Prüfungsordnung berechnet sein muss. Ja nicht einmal der Mehrzahl seiner Schüler in der Physikochemie dürfen die Prüfungsmaassregeln angepasst sein. Der Durchschnittschemiker der meisten Laboratorien reicht in seiner Befähigung und in seinem Streben an diese nicht heran. Die Ostwald'schen Schüler müssen unbedingt eine ungewöhnlich gute, insbesondere mathematische und physikalische Vorbildung mitbringen, um sich an den aus dem Ostwald'schen physikochemischen Laboratorium hervorgehenden Arbeiten betheiligen zu können. Die ideale Schilderung des Werthes der Dissertation mag also zumeist für die Ostwald'schen Schüler zutreffen, im Allgemeinen stimmt dieselbe sonst nicht.

In sehr vielen Fällen sind die späteren Doctoren bei den Arbeiten für ihre Dissertation nur die Handlanger für die wissenschaftlichen Untersuchungen ihrer Lehrer gewesen. Die Mitarbeit würde ja kein Nachtheil sein, wenn dieselbe stets mit der vollen geistigen Betheiligung an der Lösung der wissenschaftlichen Arbeit verknüpft wäre. Aber wo aus Laboratorien jährlich eine Menge von Dissertationen hervorging, da wurde die Heranziehung des Schülers zum vollen Verständniss des Gegenstandes fast unmöglich wegen der damit verbundenen beträchtlichen Arbeitsleistung des Lehrers. Letzterer wird auch noch durch andere Schüler in Anspruch genommen, ferner durch Vorlesungen, durch Verwaltungsgeschäfte. Zudem ist das eigne Streben nach geistiger Mitarbeit bei vielen Studirenden sehr gering, dieselben sind froh wenn nur für sie eine Dissertation herausspringt, um Doctor zu werden.

Mitunter verfolgte ein Professor mit der Heranziehung möglichst zahlreicher Hilfskräfte neben der Veröffentlichung wissenschaftlicher Arbeiten, die ihm Namen und Ruf verschaffen sollen, auch noch bedenklichere Ziele. Es ist gewiss nichts dagegen einzuwenden, wenn bei den wissenschaftlichen Untersuchungen gelegentlich ein patentfähiges lohnendes Ergebniss herausspringt. Aber gewisse Verhältnisse hat der nunmehr in Bonn verstorbene Professor Aug. Kekulé in feiner Weise gestreift, wenn ich nicht sagen soll gegeiselt, als er bei der 1890 ihm zu Ehren veranstalteten Feier der deutschen chemischen Gesellschaft auf die im Namen der deutschen chemischen Industrie und insbesondere der deutschen Theerfabriken ihm dargebrachte Huldigung und dankende Anerkennung seiner hervorragenden Verdienste um die hohe Blüthe des chemischen Grossgewerbes antworten konnte[1]): „Dass manche meiner Arbeiten, und dass auch die Benzoltheorie für die Technik der Theerfarben von Nutzen gewesen sind, kann ich nicht in Abrede stellen; aber ich kann Sie versichern, ich habe niemals für die Technik gearbeitet, immer nur für die Wissenschaft. Ich habe immer für die Technik das grösste Interesse gehabt, aber ich habe von ihr niemals Interessen bezogen. Gerade deshalb bin ich doppelt erfreut darüber und doppelt dankbar dafür, dass die Vertreter der Technik meine geringen Verdienste um die Technik anerkennen wollen."

Es wäre erhebend, wenn alle Vertreter der Wissenschaft,

---

[1]) Berichte der deutschen chemischen Gesellschaft 1890, 23, S. 1310.

denen die Technik Dank schuldet, so reden könnten. Gegentheilige Verhältnisse sollen nicht als schlechthin sittlich verwerflich hingestellt werden. Aber die Gefahr der Beeinträchtigung einer angemessenen Erfüllung der nächsten Aufgaben eines Lehrers liegt zu nahe.

Es giebt Dissertationen, die mit Ausnahme der mechanischen Handlangerarbeiten, welche dem Candidaten zufielen, nicht nur in der Stellung der Aufgabe, sondern auch in der Durchführungsart und Abfassung das ausschliessliche geistige Eigenthum des Lehrers sind, aber dann mitunter im gleichen Wortlaut der nur den Namen des Schülers tragenden Dissertation unter dem gemeinsamen Namen des Lehrers und Schülers in wissenschaftlichen Zeitschriften veröffentlicht wurden. Sie hätten füglich nur den Namen des Lehrers tragen sollen, vielleicht mit einem Dank an den Gehilfen. Wo bleibt da die von Ostwald hochgepriesene heilsame Wirkung der Dissertationsarbeit, wo „die Freiheit der individuellen Entwicklung" wenigstens der wissenschaftlichen?

Dass die sonstige „Freiheit der individuellen Entwicklung" leider zu sehr gewahrt ist, möge folgender gerade nicht seltene Bildungsgang eines Chemikers erläutern. Man wird Studirender, belegt die Experimentalvorlesungen, später auch wohl das Laboratorium, besucht sie aber nicht, weil man vollauf mit seiner „Couleur" beschäftigt ist. Nach der Zeit der „Activität" [1]) oder auch schon gegen Ende derselben nimmt man Feriencurse und Repetitorien (wiewohl noch nichts zu „repetiren" ist), wechselt dann, wenn nöthig, die Hochschule und lässt sich das Thema zu einer Dissertation geben, die dann in geschilderter oder in mitunter noch schlimmerer Weise zu Stande kommt. Ist nun, um wieder mit Ostwald zu reden, der Examinator „kolossal nett", so wird man Doctor, ohne jemals regelmässig eine Experimentalvorlesung gehört zu haben, die doch die erste Anschauung von chemischen Erscheinungen geben und zu chemischem Denken anleiten soll, ohne jemals den planmässigen Gang der analytischen

[1]) In einer Anpreisung von Feriencursen heisst es: „Ganz besonders aber empfehle ich mein Laboratorium denjenigen Herren Studirenden, welche während des Semesters verhindert waren (durch Activität etc.) ihre Studien regelmässig auszuüben. Durch tägliches concentrirtes Arbeiten, sowie durch beständiges Ueberwachen und Abhalten von Vorträgen kann ein Erfolg garantirt werden."

und präparativen Arbeiten in einem chemischen Laboratorium durchgemacht zu haben. Die gewisse Ansprüche erregende Doctorwürde ist einem unbrauchbaren Chemiker zuerkannt worden, der gewiss nicht, um mich Ostwald'scher Ausdrucksweisen zu bedienen, „den besten und arbeitsfreudigsten Theil seines Lebens damit zugebracht hat, die Gedanken Anderer sich zu eigen zu machen" und trotzdem „sich der Entwicklung und Prüfung eigener Gedanken mit Erfolg hinzugeben" wenig geeignet sein, auch „wissenschaftliche und inventive Fähigkeit" nicht besitzen wird. Derartigen Missständen soll die geplante Chemikerprüfung vorbeugen.

Dass es sehr häufig fehlt an der nöthigen Uebung in der analytischen und präparativen Chemie, welche der Lösung oder der Betheiligung an der Lösung wissenschaftlicher Aufgaben voraufgehen sollte, wird auch bewiesen durch das Bestehen von Anstalten an Universitäten und anderwärts, die als sogenannte Eselsbrücken für Doctoranden wirken. Derartige Verhältnisse hätte doch Ostwald nicht übersehen sollen, zumal er sich ausdrücklich „eine lange Beschäftigung mit dem Gegenstande, Nachdenken und Erfahrung" zuschreibt. Die Dissertationen, die von solcher bedenklicher Unterstützung berührt werden, sind unzweifelhaft häufiger als die Ostwald'sche Idealdissertation mit „selbstgewählter Arbeit".

So lautet eine gedruckte Zuschrift: „Unterzeichneter erlaubt sich, die geehrten Herren Chemiker darauf hinzuweisen, dass in seinem analytischen Laboratorium Verbrennungen und Stickstoffanalysen, wie insbesondere sämmtliche organischen und anorganischen Untersuchungen pünktlich und prompt zu bescheidenen Preisen ausgeführt werden."

In einer anderen an „den Herrn Doctor und 1. Assistenten im Königlichen chemischen organischen Laboratorium" gerichteten gedruckten Zuschrift empfiehlt man sich „zur Anfertigung guter Elementaranalysen (Kohlenwasserstoff- und Stickstoffbestimmungen) bei mässigem Honorar."

Ferner wird in einem Schreiben an den Oberpedellen der Universität ein Plakat eingesandt mit der Bitte um Anbringung „an einer recht in die Augen fallenden Stelle" . . . „da wo dasselbe den Herren Studirenden der Chemie leicht sichtbar ist", und die Bereitwilligkeit zur Schadloshaltung für verursachte Mühe erklärt. Auf dem gedruckten Plakat erbietet man sich zur „Ausführung von chemischen Analysen zu wissenschaftlichen und gewerblichen Zwecken bei mässigen Preisen", zur „Darstellung von wissenschaftlichen Präparaten — Ausgangsmaterial für Promotions-Arbeiten u. s. w. — nach Uebereinkunft".

Alle die Leute, welche unter Benutzung der angedeuteten Hilfsmittel durch „kolossal nette" Examinatoren zu Doctoren befördert wurden, sind nicht nur als Chemiker unbrauchbar, sondern auch in ihrer sittlichen Beschaffenheit verwerflich. Ihr Heranwachsen in nicht verschwindend kleiner Zahl hat das seitherige Promotionsverfahren nicht verhindert. Bei der vorgeschlagenen Chemikerprüfung würden solche Leute nicht aufkommen können, die immerhin nach dem erlangten äusseren Erfolg anspruchsvoll zunächst den Wettbewerb versuchen mit gewissenhaft fleissigen, wissenschaftlich unterrichteten und praktisch befähigten, ehrenhaften Chemikern. Natürlich werden nach einiger Zeit sich in richtiges Verhältniss gesetzt haben: einerseits schlechte Vorbildung, unzureichendes Studium, dürftige Leistungen und andererseits schlechte Stellung, mit Doctordiplom ausgestattetes Elend, Schmälerung des Ansehens der Universitäten.

Diese Nachtseiten des Dissertationswesens und der Doctorprüfungen der Chemiker zu berühren, ist keineswegs erbaulich. Aber die wegwerfende Art, in welcher Ostwald den Werth einer Chemikerprüfung in Abrede stellt und die überschwängliche Weise, in welcher er die Bedeutung der Doctordissertationen gepriesen hat, konnte des Mangels an durchschlagender Berechtigung nicht treffender überführt werden. Thatsächlich handelt es sich in den allerwenigsten Fällen bei Doctordissertationen darum, „an selbstgewählter Arbeit die jungen Kräfte zu versuchen". Es ist also die Voraussetzung hinfällig, auf welche Ostwald seine Behauptungen stützt und seine Gegnerschaft gegen die geplante Chemikerprüfung.

Man könnte fragen: wie konnten die nach den vorstehenden Schilderungen und den obigen Klagen der Techniker vorhandenen Missstände einreissen, so dass ein bedeutender Bruchtheil der Doctoren der Chemie in der wissenschaftlichen Ausbildung und praktischen Befähigung sehr mangelhaft ist?

Ja, wer dem Streben einer grossen Zahl von Studirenden, nach möglichst billiger Erwerbung des Doctorgrades entgegentritt, der schafft sich eine Masse von sehr gelinde gesagt Unbequemlichkeiten. Die betreffenden Candidaten fliehen ihn. Es bleibt die „Frequenzziffer" sehr bescheiden, welche leider vielfach als der hervorragendste Maassstab zur Beurtheilung der Tüchtigkeit eines Lehrers angesehen wird, besonders auch von den Regierungen und den ständischen Vertretungen, in deren Hand die Bewilligung der Mittel liegt. Vertreter benachbarter Fächer können Anlass finden zu Klagen über Mangel an Schülern, die der Chemiker ihnen schaffen soll, wenn sie selbst das nicht verstehen. Will nun der Chemiker zur Hebung der „Frequenz" in einer ihm nicht anstehenden, wenn auch zu seinem äusseren Vortheil gereichenden Weise, nicht helfen; so sucht man das Ziel gegen ihn zu erreichen, mitunter durch Anwendung von recht zweifelhaften Mitteln. Es gehört schon ein bedeutendes Maass von Muth und Widerstandskraft dazu, um derartigen Treibereien sich auszusetzen. Mit Nachgiebigkeit fährt man viel besser und bequemer, wird gelobt und gepriesen statt im gegentheiligen Falle geschmäht und befehdet zu werden. Also auch wenn der Chemiker selbst den guten Willen hätte, zweifelhafte Elemente abzuschieben, aber einiges Bedürfniss nach friedlicher Ruhe empfindet und ihm entgegentretende unliebsame Widerwärtigkeiten scheut, könnte er doch leicht mürbe gemacht und gegen seine bessere Ueberzeugung gedrängt werden zum Mitabrutschen auf der schiefen Ebene der Prüfungsverbilligungen.

Gegen die Chemikerprüfung führt Ostwald noch folgenden Gesichtspunkt an: „Wenn wir examiniren, so dürfen wir es nur in Bezug auf den anerkannten Bestand der Wissenschaft; das Neue, noch nicht in den allgemeinen Zusammenhang Gebrachte, muss nothwendig fortbleiben. Die Technik nicht minder als die Wissenschaft bewegt sich aber gerade in diesen neuen Gebieten. Wo soll der junge Chemiker lernen, wie er sich dem Neuen gegenüber verhalten soll, wenn er es nicht während seiner Studienzeit gethan hat? Und wie soll er in der Technik vorwärts kommen, wenn er nicht das Neue beurtheilen und ergreifen gelernt hat?"

Zunächst muss doch der junge Chemiker das Alte kennen gelernt haben, um überhaupt zu wissen, was das Neue ist, in welches er sich selbstständig hereinzufinden hat, ohne dass ihm bereits Erforschtes helfen kann. Uebersieht er Letzteres, so vergeudet er unnöthige Kraft und Mühe, indem er sich einer erprobten Leuchte nicht bedient, die ihm schnell weiter helfen könnte bis zum wirklich Neuen. Hat doch Ostwald selbst (s. S. 24) „die Beherrschung des Bekannten“ als die Vorbedingung „zur Eroberung des Unbekannten“ hingestellt, und ist es ja gerade die Klage der technischen Chemiker, dass die jungen Chemiker vielfach das Bekannte nicht beherrschen (s. S. 10) und deshalb weder das Alte noch das Neue zu beurtheilen wissen, noch weniger aber gelernt haben, „wie man ungelöste Probleme bewältigt“, was nach Ostwald „die wichtigste Eigenschaft des deutschen Chemikers ist“.

Die vorgeschlagene Prüfungsordnung will zu Ende des Studiums ja auch die Beschäftigung mit dem Neuen, indem sie eine experimentelle Untersuchung im Gebiete der Chemie vorschreibt, ihn, wie Ostwald sagt, „eine solche Aufgabe lösen lässt und ihn dabei beobachtet“. Wohlweislich verlangt sie aber auch Bürgschaften für die vorherige „Beherrschung des Bekannten“ durch die Ablegung von theoretischen und praktischen Prüfungen und durch den Nachweis von praktischem Arbeiten im chemischen Laboratorium.

Darin besteht ja eben der von der Technik schwer empfundene Missstand in der Ausbildung vieler Chemiker, dass dieselben ohne Beherrschung des Bekannten vor das Unbekannte geführt wurden, das sich dann nur unter fortwährender eingreifender Leitung des Lehrers zu einer Dissertation gestalten lässt, wodurch alle die idealen Vortheile schwinden, welche Ostwald der Doctorarbeit zuschreibt unter der selten zutreffenden Voraussetzung, dass „an selbstgewählter Arbeit die jungen Kräfte versucht“ werden, oder dass „eine selbstständige wissenschaftliche Arbeit“ vorliegt. Wenn man mit Ostwald von den chemischen Dissertationen sagen kann, dass ein wesentlicher Theil der chemischen Wissenschaft in ihnen enthalten ist, so liegt dies daran, dass sie weitaus vorwiegend der geistigen Arbeit des Lehrers zu entspringen pflegen. Sie beweisen im Allgemeinen wenig für die wissenschaftliche Entwickelung des Schülers, in manchen Fällen gar nichts; sind weit entfernt davon, eine Bürgschaft zu gewähren, dass mit dem neu geschaffenen Doctor ein „an eigene Forschung gewöhnter Chemiker“ in die Welt geht.

Uebrigens kann überhaupt nicht zugestanden werden, dass

eine gewöhnlich recht einseitige wissenschaftliche Untersuchung, auch wenn sie eine selbstständige wäre, den jungen Chemiker nun befähigt zur Beherrschung des Neuen. Sie trägt zur Erweckung dieser Fähigkeit bei, die er an den Aufgaben seines späteren Berufes weiter entwickeln kann. Was können überhaupt die vier Jahre Studienzeit viel mehr leisten, als dem jungen Chemiker zunächst die bekannten Hilfsmittel in die Hand zu geben, durch deren Anwendung er sich in dem verhältnissmässig langen Berufsleben mit den ihm entgegentretenden und selbstgestellten Aufgaben abzufinden hat. Zuerst muss er mit dem „anerkannten Bestand" der Wissenschaft vertraut sein, sich durch Anschauung und Selbstübung Kenntniss und praktische Erfahrung in der Anwendung zahlreicher Geräthe in der Ausführung der verschiedenartigsten Hantirungen erworben haben. Dann erst ist er auch reif, seine Fähigkeit an der praktischen Lösung einer einzelnen wissenschaftlichen Aufgabe zu erproben, was den Abschluss des akademischen Studiums bilden mag. Diese Dissertationsarbeit giebt aber keine allgemeinwissenschaftliche Bildung, nicht einmal eine allgemeine Sonderfachbildung, und lässt, als Beurtheilungsmittel betrachtet, solche auch nicht erkennen.

Es werden mindestens drei bis vier Jahre nöthig sein für das Studium der Chemie und verwandter Wissenschaften, bis Jemand so viel Boden unter die Füsse bekommt, um zu eigenen fruchtbaren wissenschaftlichen Gedanken und deren experimenteller Prüfung sich erheben zu können. Wenn aber Ostwald sagt, zur „Erfinderthätigkeit", zum „Vordringen in unbekannte Gebiete taugt nicht der examinirte Candidat, sondern der an eigene Forschung gewöhnte Chemiker", so frage ich, warum soll sich denn nur der nicht examinirte und nicht auch der examinirte Chemiker an eigne Forschung gewöhnen können? ich frage weiter, wieviel Procente der von deutschen Hochschulen auch als „Doctoren" nach geleisteter Dissertation abgehenden Chemiker sind denn wirklich an eigene Forschung gewöhnt? (Vgl. S. 24 bis 26.)

Natürliche Anlagen und Fähigkeiten, hervorragende geistige Schöpferkraft werden nicht ertödtet durch den Beginn mit vorgeschriebenem planmässigen Arbeiten. Letzteres kann nach dem heutigen vorgeschrittenen Stande der Chemie überhaupt erst die Werkzeuge kennen lehren und die Ausrüstung gewähren für ein fruchtbringendes Schaffen. Fleiss ist auch Talent und zu stetigem, fleissigem Arbeiten muss der Mensch herangezogen werden, um zu zielbewusster Thätigkeit zu gelangen, in welcher sich dann besondere Begabung geltend machen kann auch in „Erfinderthätigkeit" und im „Vordringen in unbekannte Gebiete". Wirkliche Genialität muss gleicherweise den reichen Inhalt der Chemie zunächst einigermaassen bewältigen durch geregelte Thätigkeit. Ohne das wird ein verbummeltes Genie heranwachsen, nicht brauchbar zur Ausübung des Bekannten und noch weniger zum selbstständigen fruchtbringenden „Vordringen in unbekannte Gebiete"; aber in Folge der mangelnden Ahnung von dem Vorhandensein dessen, was es als bereits gesicherten Besitz der Wissenschaft beherrschen sollte, gar noch anspruchsvoll als Doctor philosophiae rite promotus.

Ostwald schwärmt für die Ausbildung von Specialisten. Aber kann man denn überhaupt ein für die Praxis brauchbarer Specialist werden, ohne eine gewisse Summe allgemeiner Kenntnisse und Erfahrungen? Wer bürgt denn einem Chemiker dafür, dass er gerade in dem Specialfach in der Technik lohnende Verwendung finden kann, in welchem sich zufällig die Dissertation bewegt hat? Specialist mag ja schliesslich der Chemiker immerhin und zumeist erst in der Praxis werden, aber doch mit einem vorher erworbenen allgemeineren Blick, sonst wird er ein Specialist von sehr zweifelhafter Güte und der von Ostwald ausgesprochene Satz: „Und gerade in der Technik ist bekanntlich die Einseitigkeit der beste Weg zum Gewinn" wird nicht zutreffen.

Zweifellos hat sich Ostwald bezüglich der Bedeutung der „Doctorarbeit" für die wissenschaftliche Ausbildung und Entwicklung der studirenden Chemiker ein sehr schönes Ideal geschaffen. Würden die von den Universitäten geschaffenen Doctoren der Chemie demselben in Wirklichkeit entsprechen, so würden die im Abschnitt II aufgeführten Klagen über mangelhafte wissenschaftliche Ausbildung vieler Chemiker seitens hervorragender Vertreter der Industrie und das Verlangen nach einer von Reichswegen zu regelnden Chemikerprüfung nicht entstanden sein. Die hier geschilderten Verhältnisse deuten darauf hin, wieweit im Allgemeinen die Wirklichkeit bedauerlicher Weise hinter diesem Ideal zurückbleibt. Die Bedürfnisse und Bestrebungen der chemischen Industrie rechnen aber mit den thatsächlich vorliegenden Verhältnissen und nicht mit den idealen Anschauungen eines Professors.

Diesen idealen Erzeugnissen abstrakter Theorie entspringt

wohl auch der gewaltige Zunftzopf, welchen Ostwald schliesslich heraushängen lässt in folgender Aeusserung[1]; „Mag die Technik uns sagen, was sie an den Hilfskräften vermisst, die die Hochschulen ihr liefern. Die Frage aber, auf welchem Wege die vorhandenen Lücken am besten auszufüllen sind, kann ausschliesslich von den hierin allein Zuständigen, den Lehrern, mit Erfolg verhandelt werden. Daraus ergiebt sich, dass die Frage, ob und wieweit examinirt werden soll, eine sozusagen häusliche Angelegenheit ist und bleiben muss, die innerhalb der Hochschule, bez. zwischen dieser und der vorgesetzten Behörde allein verhandelt werden kann."

Es liegt schon eine Unfolgerichtigkeit darin, dass Ostwald nicht jede öffentliche Behandlung dieser „häuslichen Angelegenheit" von vornherein von sich abwies, sondern statt dessen ihr nicht nur die ausführliche Erörterung in der letzten Generalversammlung der deutschen Elektrochemischen Gesellschaft gewidmet, sondern auch hiernach noch Gelegenheit genommen hat, in der von ihm mitherausgegebenen Zeitschrift für physikalische Chemie die Angelegenheit weiter öffentlich zu besprechen. (Siehe die S. 22 angeführte Literatur.)

Doch davon abgesehen, kann der Inhalt und die Absicht der angeführten Aeusserung äusserst befremdlich erscheinen. In der chemischen Industrie sind in leitenden Stellungen eine grosse Zahl von Männern, welche früher selbst Professoren, Privatdocenten oder Assistenten waren, also solche, für welche die Ostwald'sche Auffassung der Bedeutung der Dissertationsarbeit zumeist zutreffen wird. Sie vereinigen die Erfahrungen des Lehrers mit denjenigen des Technikers. Solchen allseitig bewanderten Männern darf man doch füglich nicht die Berechtigung absprechen, in der Lösung der vorliegenden Frage ein gewichtiges Wort mitzureden, zumal wenn es sich um Lebensfragen der von ihnen vertretenen Industrie handelt. Und was verlangen denn dieselben? Sie sind der berechtigten Meinung, dass für einen grossen Theil der Chemiker der von Ostwald gepriesene Bildungsgang nicht zutrifft, und wollen Bürgschaften dafür, dass der in die Technik gehende Chemiker sich den Bildungsmitteln der Universität auch wirklich unterzogen hat, wofür der Doctortitel leider in vielen Fällen nichts beweist.

[1]) Zeitschrift für physikalische Chemie 1897, 23, S. 569.

Diese Bürgschaft glauben sie in von Reichswegen für ganz Deutschland einzuführenden Prüfungen zu finden. Das erklärt nun Ostwald für „gutgemeinte, aber in ihrer Tragweite nicht übersehbare Maassregeln". Es wird doch kein „zuständiger" Lehrer behaupten wollen, dass der Chemiker mit den im Prüfungsordnungsentwurf bezeichneten Zweigen der Chemie nicht vertraut sein sollte. Wenn aber ja, warum soll er nicht darin geprüft und das Ergebniss der Prüfung verzeichnet werden als Nachweis der Leistungen?

Nachdem die „zuständigen" Lehrer vielfachen Unfug haben einreissen lassen, dürfen sie sich füglich nicht beklagen, wenn die Prüfungsordnung auch für sie eine Nöthigung in sich schliesst zur seither nicht allseitig genügend gehandhabten Erfüllung der Verpflichtungen in der Ausbildung der Chemiestudirenden.

Dass die chemische Industrie in einer die wirthschaftliche Wohlfahrt des ganzen Reichs berührenden Angelegenheit sich an das Reich wendet, ist doch natürlich und allein zweckmässig. Wenn Ostwald meint, dass „zwischen der Hochschule und der vorgesetzten Behörde allein verhandelt werden kann", so möchte ich fragen, wann und welches erspriessliche und insonderheit einheitliche Ergebniss erwartet er, wenn er und sein Leipziger Fachgenosse von entgegengesetzter Ansicht mit der sächsischen Regierung, der Rostocker Chemiker mit der mecklenburgischen und so die Chemieprofessoren eines jeden deutschen Staates mit je ihren Regierungen in Verhandlung treten?

Man kann sich ja daran stossen, dass das Reichsgesundheitsamt diese Unterrichts- und Prüfungsfrage in die Hand nehmen soll. Da aber nur von Reichswegen eine Abhilfe geschaffen werden kann und eine geeignetere Reichsbehörde nicht vorhanden ist, so muss man sich eben damit zufrieden geben. Uebrigens sind auf gleiche Weise die Vorschriften betreffend die Prüfung der Nahrungsmittelchemiker entstanden, und wenn diese hier und da wie alles Menschliche verbesserungsfähig erscheinen, so haben dieselben doch mit Geschick manche Fehler vermieden, die einer nur von Professoren entworfenen Prüfungsordnung anzuhaften pflegen. Uebrigens sollen zur gemeinsamen Berathung ausser chemischen Industriellen auch Lehrer an den deutschen Universitäten und technischen Hochschulen einberufen werden.[1]) Hoffentlich wird auch

[1]) Zeitschrift für angewandte Chemie 1897, S. 506, Anmerkung.

die vorgeschlagene Prüfungsordnung im Sinne der Verminderung der Prüfungsfächer und der Zahl der Examinatoren gebessert und in den Ausführungsbestimmungen annehmbar gestaltet werden.

Ferner hat Professor Dr. v. Baeyer[1]) in München in der IV. Hauptversammlung der Deutschen Elektrochemischen Gesellschaft am 22. Juni 1897 sich über die Chemikerprüfung geäussert. Er sagt: „Ich halte unsere Einrichtungen für trefflich und glaube, dass ein Chemikerexamen dieselben nur schädigen würde, indem durch die Schablonisirung der Anforderungen der freien wissenschaftlichen Ausbildung auf den Universitäten ein Hinderniss in den Weg gelegt würde.“ Er selbst hat aber zur Erreichung einer „intensiven chemischen Vorbildung“ in seinem Laboratorium privatim „zwei Vorexamina“ eingeführt. Er hat sich also thatsächlich wenigstens theilweise schon auf den Weg begeben, den die Chemikerprüfungsordnung vorschlägt, gewiss geleitet durch gleiche Erfahrungen und Bedürfnisse. Er sagt: „Bleibt nach diesem Examen die Doctorprüfung nicht dieselbe wie sie jetzt ist? Werden nicht dieselben Nachsichtigkeiten und Schwächen genau ebenso dabei mitwirken können? Das ist es ja, was die Sache schwierig macht. Wenn alle Professoren und Examinatoren ihre Pflicht thäten und strenge alle die jungen Herren examiniren würden, würde diese Frage nicht kommen. Es liegt das an den Examinatoren, und die werden durch ein Gesetz, und wenn es noch so schön wäre, nicht gebessert .... Es giebt hier eigentlich keine andere Möglichkeit, als die einer moralischen Action.“

Die vorgeschlagene Prüfungsordnung enthält denn doch einige Vorschriften, die wohl wirksamer und zwingender sein werden, als eine „moralische Action“ und die gemäss dem Wunsche v. Baeyer's „dazu führen könnten, dass bei uns die Prüfung strenger und gewissenhafter vorgenommen würde“. Sie verlangt den Nachweis praktischer Arbeiten im chemischen Laboratorium, ferner die praktische Ausführung einer qualitativen und einer quantitativen Analyse. Es sind also auch thatsächliche Ergebnisse actenmässig begründet niederzulegen unter der Verantwortung des Laboratoriumsvorstandes. Man hat mit diesen bleibenden Anhaltspunkten zu rechnen und kann sich auf sie berufen. Sie werden also ein Hinderniss abgeben für allzu nachsichtige, „frequenz“-

[1]) Zeitschrift für Elektrochemie 1897—98, S. 19, 22.

süchtige Examinatoren (vgl. S. 41), eine Stütze für schwache und schlaffe, eine Rechtfertigung für gewissenhaft strenge.

Sollte von Reichswegen die gewünschte Staatschemikerprüfung, entsprechend der bereits bestehenden, durch das ganze Reich giltigen Prüfung der Nahrungsmittelchemiker, zur Einführung gelangen trotz der entstandenen Gegner, so bleibt letzteren ja der erfreuliche Trost, dass damit die Doctorprüfung nicht ausgeschlossen ist. Die Ablegung beider Prüfungen ist möglich. Wer sich aber der „Freiheit der individuellen Entwicklung“ uneingeschränkt hingeben will, dem wird dies unverwehrt sein durch alleinige Ablegung der Doctorprüfung. Leistet diese künftig mehr als der durch die Staatschemikerprüfung vorgezeichnete Bildungsgang, nun so wird der freie Wettbewerb dies bald lehren. Die Leiter chemischer Fabriken werden gewiss keine Principienreiter sein und vorurtheilsfrei zu ihrem eigenen Besten die leistungsfähigsten Chemiker nehmen, woher diese auch kommen mögen.

VI. Gefahren einer Reichsprüfung und deren thunlichste Verhütung.

Es ist was Schönes um das Deutsche Reich. Wer wie der Verfasser noch mit Bewusstsein die früheren vielfach kläglichen Verhältnisse in dem zersplitterten Deutschland und zwar in einem Kleinstaat miterlebt hat, der erregt durch gelegentliche Schilderung derselben bei Jüngeren nur Heiterkeit, als ob es sich um mit Witz und Laune erdachte Gebilde der Einbildungskraft handle und nicht um seinerzeit sehr ernste traurige Wirklichkeit. Dass nun die deutschen Universitäten nicht einer einzigen Oberhoheit unterstehen, hat zwar gewiss seine grossen Vorzüge. Hat doch gerade die Chemie seinerzeit zunächst in Süddeutschland freie Bahn für ihre erste Entwicklung gefunden, während der Grossstaat Preussen allzu bedächtig nachhinkte, bis er endlich zur richtigen Erkenntniss und deren Uebersetzung in Thaten sich bequemte. Aber für die wünschenswerthe einheitliche Durchführung gewisser für das ganze Reich giltiger Anordnungen, wie einiger vom Reiche ausgehender Prüfungsordnungen für Universitäten entspringen daraus auch schwere Nachtheile. Allgemeinmenschliche Schwächen, wie Ehrgeiz, Herrschsucht, Gewinnsucht, welche die Entartung in der Handhabung der für das ganze deutsche Reich getroffenen Bestimmungen herbeizuführen geeignet sind, können durch die Regierungen derjenigen Einzelstaaten, welche nur eine oder wenige Hochschulen besitzen, weniger leicht gezügelt werden.

Wie die Doktorpromotionen an den Universitäten der Kleinstaaten am meisten ausgeartet waren und sind, so ist auch die Gefahr zu beachten, dass an ihnen die Reichschemikerprüfung am schlaffsten gehandhabt werden könne. Es liegt dies in der Natur der Sache. Der Grossstaat Preussen hat eine grössere Zahl von Universitäten. Er kann die Ergebnisse derselben mit einander vergleichen, es auffallend finden, dass etwa die Anzahl der Promotionen an einer verhältnissmässig gross wird, und den Gründen nachforschen. Er kann sich allseitig unterrichten, indem er über dieselbe Frage Gutachten der verschiedenen Universitäten einfordert, Alles prüft und das Beste behält. Auf diese Weise kann die Regierung in einfacher und unauffälliger Weise ihre Gesichtspunkte bezüglich der Hochschulen erweitern zur Bildung eines richtigen Urtheils. Dazu kommt noch, dass in den Kleinstaaten die Hochschulangelegenheiten von anderweitig viel beschäftigten Beamten nebenher mitbesorgt werden. Man ist daher gar leicht nicht ausreichend unterrichtet weder über Personen, die gerade an kleinen Universitäten häufig wechseln, noch über Sachen. Mit dieser für eine grössere Selbständigkeit und Richtigkeit des Urtheils unzureichenden Sachkenntniss verbindet sich dann eine leichtere Zugänglichkeit für unverständige oder gar böswillige Einflüsterungen. Den Machenschaften einzelner ehrgeiziger Professoren ist mehr Spielraum gegeben, besonders wenn dieselben andererseits ihre Collegen merken lassen, dass sie höheren Orts einflussreiche personae gratae oder gratissimae sind.

Nur der Ueberblick über eine grössere Zahl von Universitäten und die damit gegebene persönliche Berührung und Bekanntschaft mit vielen Docenten verschiedenster Art befähigt zu einem eingehenden sicheren Urtheil und macht unabhängig von den schwankenden Majoritäten der einzelnen Hochschulen, die in derselben Angelegenheit durch zufällige meist persönliche Verhältnisse sich häufig im Zickzackcurs bewegen, je nachdem z. B. ein Leithammel noch wirksam oder bereits in der Lage ist, mit seinen Treibereien eine andere Universität beglücken zu können. Derartige Verhältnisse treten in einem Grossstaat mehr in den Hintergrund, wo eigene Beamten als „Specialisten“ sich fast ausschliesslich um die Universitäten kümmern können.

Die unter Mitwirkung der geschilderten Verhältnisse zu befürchtenden Missstände in der Durchführung einer Reichsprüfung sollen erläutert werden an den schon längere Jahre durch das ganze Reich giltigen medicinischen Prüfungen, welche theilweise an Ungleichwerthigkeit verhältnissmässig nicht viel zurückstehen hinter den Doctorpromotionen, für welche die einzelnen Universitäten noch je ihr eigenes Recht besitzen, die deshalb aber auch nicht durch das Reich gedeckt sind. Dann soll für die geplante Staatsprüfung für Chemiker auf die Maassregeln hingewiesen werden, durch welche Unzuträglichkeiten möglichst vorgebeugt werden kann.

Dabei sei ausdrücklich erklärt, dass schon allein vom allgemein deutschen Standpunkte aus die Vortheile der Freizügigkeit der Aerzte durch das ganze deutsche Reich unbedingt die Nachtheile überwiegen, welche die allgemeine Giltigkeit einer irgendwo abgelegten Prüfung im Gefolge gehabt hat. Die allgemeinen Vorzüge bleiben, die Schäden können und werden mit der Zeit gemindert werden. Dafür wird schon die immer mehr hervortretende öffentliche Meinung sorgen, wo das Reich sich noch scheuen muss, den Partikularismus in den „berechtigten(?) Eigenthümlichkeiten“ auch bei Reichseinrichtungen anders als schonend zu behandeln.

Der Aerztetag hat längst (1891) beschlossen und zur Kenntniss des Bundesraths, der Bundesregierungen und Facultäten gebracht, dass für die Mediziner in Chemie eine gründlichere und ausgiebigere praktische Ausbildung zu erstreben sei. Der Ausschuss der preussischen Aerztekammern hat (1896) für Chemie und Physik eingehendere Prüfung verlangt. Kommissionen und Facultäten sind zusammengetreten und haben in gleichem Sinne sich geäussert. Es giebt Professoren der Medicin, welche in grosssprecherischer Weise von dem hohen Maasse von Kenntnissen in der organischen Chemie reden, welche der jetzige Stand der inneren Medizin für deren erfolgreiches Studium voraussetze. Wenn aber ein Professor der Chemie Mediziner durchfallen lässt, weil dieselben z. B. über Fette nichts weiter zu berichten wissen, als dass sie Kohlenstoffverbindungen sind, oder auch dieselben für Kohlehydrate ausgeben, den Malzzucker für eine Base erklären, Glykoside für „Glykokollsäuren“, über Chloroform und Chloral keinerlei Auskunft geben können, keine Ahnung davon haben, wie das Leuchtgas in die Welt kommt, keine Bestandtheile desselben kennen u. s. w. u. s. w.; — so wird nach fruchtlosen Einschüchterungsversuchen gegen ihn gearbeitet, auch auf sonst an Universitäten nicht übliche und recht bedenkliche Weise, um einen Anderen zu bekommen, der's billiger thun soll. Was ist schliesslich die Folge? Wenn der Student von einem Examinator glaubt annehmen zu dürfen, dass derselbe dazu da sei, um Niemanden durchfallen zu lassen, so vernachlässigt er das Fach mehr und mehr, und schliesslich ist zur Vermeidung allzugrossen Aufsehens und Hohns auch der schlaffe Examinator zum Durchfallenlassen gedrängt. Wer hier den kleinen Finger nachgiebt, dem wird bald die ganze Hand genommen. Ebenso ist es mit der Erwerbung des medicinischen Doctorgrades, die ja auf jeder deutschen Universität erfolgen kann. Hat man die betreffenden Bemühungen der Doctoranden auf Wochen herabgesetzt, und es werden in einzelnen Fällen Monate daraus, so darf sich der betreffende Professor gerade nicht erbaulicher Vorwürfe versehen.

Dem Allen setzt man sich aus zur Hebung der „Frequenzziffer", zu deren Gedeihen man auch bei Berufungen in Betracht zieht, ob der künftige College auch „ein brillanter Examinator" ist. Befolgt einer nicht das naheliegende Recept, „brillant zu examiniren", sondern sucht sich in angemessener Weise ein möglichst richtiges Urtheil über die Befähigung des Prüflings zu bilden, so bemängelt man die Art des Prüfens, klagt über Schädigung der Facultät und Universität durch Minderung der „Frequenz" ohne Rücksicht auf die „Qualität" Derer, welche sich bei ernstlicher Prüfung abdrücken.

Neben dem vorherrschenden Zug nach Universitäten in grösseren Städten pflegt eben ein grosser Theil der Studirenden das Studium an die wenigstfordernde Universität zu vergeben. Auf dem hieraus hervorgehenden Unterbietungswege ist es vor Jahren schon so weit gekommen, dass Gemeinden bei der Ausschreibung von Aerztestellen die von gewissen Hochschulen hervorgegangenen Mediciner ausgeschlossen haben. Kommt dann etwa ein etwas strengerer Chirurg, so nimmt sofort die „Frequenzziffer" ab, was nicht nur von den Collegen, sondern auch von den Regierungen häufig übel vermerkt wird.

Bei den Reichsprüfungen der Pharmaceuten verhält es sich ähnlich. Erhält der schlaff prüfende Chemiker einen strammen

Nachfolger, so nimmt die „Frequenzziffer“ ab, und der gewissenhaft Prüfende kann sich unter Umständen aller der Widerwärtigkeiten versehen, welche auf S. 29 geschildert werden.

Von Chemikern kommen an Laboratoriumsvorstände Anfragen nach vorhandenem Platze, die mit der Erklärung weiter gehen, dass der Betreffende zu promoviren beabsichtige und mit der Frage endigen, in welcher Zeit der Candidat sein Ziel erreichen werde. Es ist nicht zu bezweifeln, dass eine solche Anfrage zugleich an mehrere Laboratoriumsvorstände gerichtet wird, in der Absicht, auf dem so eingeleiteten Unterbietungswege den Zuschlag dem Wenigstfordernden zu ertheilen.

Mit derartigen Darlegungen, die nicht gerade aus der Luft gegriffen sind, wollte ich erklärt haben, wie eben an den Hochschulen der Staaten, welche nur eine oder wenige Universitäten haben, Prüfungen von allgemeiner Giltigkeit, wie die Doctorprüfung, die medicinischen Prüfungen, die pharmaceutische Prüfung, die künftige Reichschemikerprüfung leichter entarten können als in Preussen. Um ein Beispiel, wenn auch aus einer anderen Facultät, anzuführen, hat Abgeordneter Dr. Friedberg in der Sitzung des preussischen Abgeordnetenhauses vom 7. März 1894 darauf hingewiesen, dass — „nach den Berechnungen, die ein Hallenser College von ihm angestellt hat und die der Wahrheit jedenfalls ziemlich nahe kommen“ — in den fünf Jahren von 1887/88 bis 1891/92 Leipzig eine Einnahme an juristischen Promotionsgebühren gehabt hat von 235 478 Mark, Heidelberg 210576 Mark, Jena 136120 Mark, während die Berliner Facultät, die grösste Deutschlands, in den genannten fünf Jahren nur eine Einnahme von 17000 Mark gehabt hat.

Wer den Bestrebungen nach Verbilligung der Prüfungen nicht nachgiebt, durch Vorhalte über die vorliegende angebliche „Lebensfrage“ der Facultät bezw. Universität und gar Einschüchterungsversuche sich nicht beirren lässt in gewissenhafter Handhabung der Prüfungen, der kann sich auf mancherlei weitere Unbequemlichkeiten gefasst machen. Hat gar die Regierung[1]) die „Frequenzsucht“

[1]) Es ist bezeichnend, dass z. B. in dem bayrischen Abgeordnetenhaus 1894 der Klage über die Bummelei an den Hochschulen und dem Wunsche nach Zwischenprüfungen regierungsseitig sofort entgegengesetzt wurde der Hinweis auf den durch letztere sicher folgenden „Rückgang des Besuches der Hochschulen durch auswärtige Studenten“.

begünstigt, so gehört schon einiger Muth zum ausharrenden Widerstand.

Was die Prüfung der Chemiker anlangt, so würde einer gewissenhaften Amtsführung ein annehmbarer Rückhalt und einer allzu nachsichtigen eine hinderliche Erschwerung — also den angedeuteten Gefahren einer durch das ganze Reich giltigen Prüfung eine mächtige Gegenwirkung erwachsen durch die in dem obigen Prüfungsordnungsentwurf geforderte Vorprüfung und durch einige weitere zweckmässige Bestimmungen desselben, die sich zudem noch erweitern lassen.

Zur Befürwortung der Vorprüfung hat vom Standpunkt der Technik Dr. Böttinger[1]) in der IV. Hauptversammlung der deutschen elektrochemischen Gesellschaft am 22. Juni in München Folgendes bemerkt: „In der Industrie ist es besonders bedauerlich und beklagenswerth, dass die uns zukommenden jungen Chemiker nicht die gründliche Beherrschung der anorganischen Chemie mehr haben, wie wir es für wünschenswerth halten, und wir sind der Ansicht, dass hier die Einführung eines Vorexamens jedenfalls ausserordentlich zweckmässig und vortheilhaft für den späteren Chemiker werden würde.“

Zu den erfolgverheissenden Sicherungsbestimmungen gehört als Bestandtheil der Vorprüfung die praktische Prüfung in analytischer Chemie. Die Ergebnisse der ausgeführten qualitativen und quantitativen Analysen sind schriftlich niederzulegen. Es muss denselben Rechnung getragen werden wie in der bereits bestehenden Reichsprüfung für Nahrungsmittelchemiker. Die von dem Examinator zu stellenden Aufgaben sind dem Vorsitzenden der Prüfungscommission mitzutheilen, wie später die von dem Candidaten auszuarbeitende Lösung nebst der Beurtheilung des Examinators. Dann kann einerseits der bleibend niedergelegte Verlauf der ganzen Prüfung jederzeit auf seine Stichhaltigkeit untersucht werden und andererseits kann der Examinator sich gebotenen Falls zu seiner Rechtfertigung auf denselben berufen.

Weiter gehört zu den heilsamen Sicherheitsbestimmungen der Prüfungsordnung der für die Ablegung der Hauptprüfung geforderte Nachweis von mindestens sechs Semestern praktischer Arbeiten im chemischen Laboratorium. Derselbe kann natürlich

[1]) Zeitschrift für Elektrochemie 1897—98, S. 21.

nur durch Bescheinigungen der betreffenden Laboratoriumsvorstände erbracht werden, für deren Richtigkeit letztere mit ihrer Namensunterschrift zu bürgen haben. Diese persönliche Haftbarkeit wird zur ängstlichen Vermeidung einer fahrlässigen falschen Angabe zwingen, wenn nur belegt, aber nicht gearbeitet worden ist.

Ein wirklich stattgehabtes ernstes und erfolgreiches praktisches Arbeiten würde aber noch weitaus mehr erhellen, wenn die obigen (siehe S. 15) Zulassungsbedingungen zur Hauptprüfung noch folgenden Zusatz erhielten: „Dieser Nachweis ist zu erbringen durch Bescheinigungen der betreffenden Laboratoriumsvorstände, welche die Art der analytischen und präparativen Arbeiten der Praktikanten und deren Ergebnisse aufzuführen haben“[1]. Wie ich nachträglich von meinem physikalischen Collegen O. Wiener erfahre, hatte der als Berliner Professor der Physik verstorbene Dr. Kundt, dem man gewiss keine pedantischen Neigungen nachsagen wird, schon in Strassburg über die im Institute ausgeführten Arbeiten Buch führen lassen zur sachlichen und persönlichen Controle.

Es handelt sich um eine allgemeingiltige Prüfung, die den Stempel einer von Reichswegen getroffenen und in ihren Ergebnissen

---

[1]) Hiermit verallgemeinere ich eine Einrichtung, die ich im hiesigen Laboratorium eine Zeit lang vorwiegend für Praktikanten getroffen hatte, denen ich nicht recht traute. Sie bestand darin, dass die Unterrichtsassistenten Buch zu führen hatten über die ausgeführten Arbeiten. Um aber für diese einen actenmässigen Beleg zu schaffen, wäre die allgemeine Einführung dieser Einrichtung empfehlenswerth und die Aufnahme ihrer Ergebnisse in die Bescheinigung der sechssemestrigen Arbeiten im chemischen Laboratorium. Dieses Verfahren würde unbedenklicher und wirksamer sein, als ein ähnlicher, aber umständlicherer Vorschlag von Professor Dr. Wallach in Göttingen in einem gedruckten Anschreiben an die Vorsteher der chemischen Institute der deutschen Universitäten und technischen Hochschulen, wonach die Studirenden angehalten werden sollen zur Führung von in jedem Semester von den Institutsvorständen zu beglaubigenden Laboratoriumsjournalen, in denen sie die Analysenresultate oder die ausgeführten präparativen Arbeiten ordnungsmässig zu buchen hätten. Doch soll diese Einrichtung keine Zwangseinrichtung sein, weil sie mit der akademischen Freiheit nicht vereinbar sei. Deshalb und weil nun doch behufs der geforderten Ueberwachung durch den Assistenten ohnehin von Laboratoriumswegen Buch geführt werden müsste, erscheint es zweckmässiger und wirksamer, die betreffenden Bescheinigungen ohne die nachzusuchende aber nicht verbindliche Mitwirkung der Praktikanten als amtliche Berichte der Laboratoriumsvorstände dem Praktikanten mitzugeben bezw. an die Prüfungscommission gelangen zu lassen.

gewissermaassen verbürgten Anordnung tragen wird. Warum sollte da der Staat nicht in Rücksicht auf das Gemeinwohl diejenigen Maassregeln treffen, die durch seitherige Erfahrungen über Chemikerprüfungen geboten erscheinen. Freilich würde durch die hier weiter vorgeschlagene Einrichtung den Professoren die Belästigung erwachsen, die Grundlagen des Urtheils über die einzelnen Praktikanten, zu dessen gewissenhafter Bildung sie seither schon selbstverständlich verpflichtet waren, in amtlichem Bericht einer Prüfungscommission mitzutheilen. Es ist dies eine Mühe mehr, welche aber zu den zum Theil noch unerquicklicheren Verwaltungsgeschäften eines Laboratoriumsvorstandes wohl auch noch übernommen werden kann.

Kein ehrlicher Beamter in öffentlicher staatlicher Stellung wird es anstössig finden, dass die Geschäftsführungsvorschriften geeignet sind zur Bewahrung Schwacher vor Fehltritten und zugleich dem Staate die verlangte richtige Durchführung seiner Anordnungen und Absichten gewährleisten. Es menschelt aber auch unter Professoren, wie die vielfache selbstsüchtige Einrichtung des Unterrichts und der Arbeiten im chemischen Laboratorium und die Art der Prüfungen gelehrt hat. Die besprochenen Vorschriften der Prüfungsordnung wirken hier vorbeugend und hindernd, bei einem etwaigen Mangel an Gewissenhaftigkeit heilsam nachhelfend. Zugleich giebt die actenmässige Niederlegung des Studiengangs des Prüflings und eines Theiles der einzelnen Prüfungsergebnisse eine unanfechtbare Stellung dem Prüfling gegenüber und einen angenehmen Rückhalt zum etwa erwünschten Erweis gerechten und gewissenhaften Vorgehens.

Was nun die Studirenden anlangt, so würde bei Einführung von Zwischenprüfungen der Studirende nicht erst nach Jahren, sondern nach einigen Semestern gemahnt werden an die etwa unterlassene Erfüllung seiner Hauptverpflichtung und würden die Angehörigeu zeitig vor die Frage gestellt, ob sie weiterhin die Mittel zum Studium gewähren wollen. Die „Sorge um's Examen“ ist ja im Allgemeinen die einzige, welche der Student hat, und diese mag er haben, wenn er nicht ohnedies zum Fleisse neigt; der strebsame Student wird dieselbe nur in geringem Grade empfinden.

Wenn alle Hochschullehrer, wie es der Prüfungsordnungsentwurf will, gleichmässig an bestimmte Vorschriften gebunden sind, so werden verbummelte Studirende vergeblich ihre mangelhafte Vorbildung zu verschleiern suchen durch einen Wechsel der Hochschule. Es wird auch der Stellung des Hochschullehrers gegenüber den Zumuthungen der Studirenden eine grössere Sicherheit und offenbare Unanfechtbarkeit verliehen durch die vorgeschriebene Marschrichtung.

Man hat solchen bindenden Vorschlägen gegenüber die „Lernfreiheit" und die „Freiheit der geistigen Entwickelung" betont. Fehlen diese denn in anderen Studienzweigen, für welche schon längst genau geregelte Prüfungsverfahren bestehen? Wird nicht der Chemiker am wenigsten durch solche Vorschriften in eine Zwangslage gebracht, da von deren Erfüllung seine Laufbahn ja nicht unbedingt abhängt? Er kann es ja unterlassen, überhaupt eine Prüfung abzulegen, wie viele, auch tüchtige Chemiker seither auf die Erwerbung des Doctorgrades verzichtet haben, oder er kann sich nur letzteren erwerben, und wird immerhin, wenn er tüchtig ist, eine seiner Leistungsfähigkeit entsprechende Stellung finden können. Uebrigens bestehen die erwähnten Freiheiten für einen erheblichen Bruchtheil der Studirenden doch nur in der Freiheit nichts zu lernen und jahrelang nur dem Genuss zu fröhnen unter schliesslicher Abtödtung jeder Fähigkeit zu ernstlicher zielbewusster Arbeit und Erstickung einer wahren Ehrenhaftigkeit, welche für jeden Menschen die Verpflichtung zur Arbeit und für den Studenten die Pflichterfüllung des Studirens in sich schliesst.[1])

Wer aber wähnt, kein würdiger Student sein zu können, ohne mehrere Semester lang Zeit und Geld an den ausschliesslichen Genuss des Studentenlebens zu vergeuden, der betrachte aber auch von vornherein diese Zeit als völlig verloren für die wissenschaftliche Ausbildung, er belege zur Vermeidung des Ge-

[1]) Welche nette Auffassung in manchen Kreisen von der Stellung der Studentenschaft zu der Universität gehegt wird, mag erhellen aus folgender Mittheilung der „Hochschul-Nachrichten" No. 80, S. 9 u. 10, vom Mai 1897: „Göttingen. Aus der Studentenschaft. Kollegbesuch. Zwei von den hiesigen Corps haben beschlossen, dem Vorgange der Heidelberger folgend, den Collegbesuch officiell zu machen und die Activitätszeit von vier auf drei, bei tadelloser Führung sogar nur zwei Semester herabzusetzen. — Die Concession, die mit diesem Beschluss von Seiten der Studenten der Universität und deren eigentlichem Zweck gemacht wird, wird gewiss mit achtungsvollem Dank begrüsst werden."

strichenwerdens die billigste Vorlesung der Universität und fange dann nach abgelaufener „Activität" mit Selbstüberwindung, als krasser Fuchs in der Wissenschaft und durch die längere Ungewohnheit wissenschaftlichen Denkens nachtheilig beeinflusster Schüler, von vorne an und überschlage nicht die grundlegenden Vorlesungen über Experimentalchemie, analytische Chemie u. s. w., die sich eben durch Bücherstudium und Einpaukereien nicht ersetzen lassen, haste auch hinterher nicht mit seinen selbstthätigen Uebungen in der analytischen und präparativen Chemie. Er wird sonst nie ein ordentlicher Chemiker werden.

Den Einwurf, dass der Fortschritt der Wissenschaft und damit auch der Technik durch ein geregeltes Prüfungswesen gefährdet sei, lasse ich nicht gelten, so lange keine untrüglichen Beweise vorliegen. Wenn man behauptet, dass der jetzige hohe Stand der deutschen wissenschaftlichen Chemie eben durch das Fehlen einer solchen Prüfung hervorgerufen sei, so setze ich die Frage entgegen, würde die Blüthe der Wissenschaft und Technik nicht vielleicht eine weit höhere sein, wenn wir ein geregeltes Prüfungswesen und damit einen planmässigen Studiengang der Chemiker gehabt hätten, der viele derselben vor dem Verkommen und andere vor allzu grosser Einseitigkeit bewahrt hätte. Eine Betrachtung des Hauptorgans der wissenschaftlichen deutschen Chemiker, der Berichte der deutschen chemischen Gesellschaft, wird die fast ausschliesslich organische Richtung weitaus der meisten Arbeiten[1]) lehren und die Berechtigung der Klagen der Industrie (vgl. S. 41) über die Vernachlässigung der anorganischen und analytischen Chemie in chemischen Laboratorien. Thatsächlich überwiegt Deutschland auch nur in der organo-chemischen Industrie, in anderen Zweigen derselben ist uns das Ausland gleich, wenn nicht über. Hatte doch Jahrzehnte lang ein Chemiker wenig Aussicht, an Hochschulen „Carrière zu machen", wenn er nicht mit dem grossen Strom der einseitig organischen Chemiker

---

[1]) Erfreulicher Weise hat neulich Professor Dr. E. Fischer-Berlin als Vorsitzender der deutschen chemischen Gesellschaft die Hoffnung ausgesprochen, dass ein über einen anorganischen Gegenstand gehaltener Vortrag auf die jüngeren deutschen Fachgenossen, die leider immer mehr sich der organischen Chemie zuwenden, eine werbende Kraft ausüben und den Pflegern der anorganischen Chemie neuen Nachwuchs zuführen werde (Berichte der deutschen chemischen Gesellschaft 1897, 30, S. 5).

schwamm, die für ihre Beschäftigung fast gar keine allgemeine Vorbildung nöthig hatten und häufig auch keine besassen, kaum in anderen Zweigen der Chemie, noch weniger in Physik und elementarer Mathematik, und dementsprechend einseitige Schüler ausbildeten.

Nach und nach hat sich die Erkenntniss durchgebrochen, dass man mit dieser Einseitigkeit nicht weiter kommt, auch in der organischen Chemie nicht erheblich weiter. Schwer empfindet dies zuerst die Technik. Daher das Bestreben der Vertreter derselben nach gründlicher und gesicherter Abstellung der seitherigen Missstände, unter berechtigter Berufung auf die vorliegende hochwichtige alldeutsche Angelegenheit (siehe S. 10 bis 13).

Weil auch die technischen Hochschulen mit einbegriffen werden, so würden die (S. 36 bis 40) geschilderten Gefahren allgemeingiltiger Prüfungen noch erhöht werden, wenn nicht zur thunlichsten Verhütung derselben die staatliche Regelung die in der Prüfungsordnung schon enthaltenen und nach S. 42 noch erweiterungsfähigen Sicherheitsmaassregeln in sich begreift. Das Reich müsste sich dann die Ueberwachung der Befolgung derselben angelegen sein lassen, wofür auch geeignete Ausführungsbestimmungen dienlich sein könnten, und etwaigen Ungehörigkeiten (vgl. auch S. 52) kräftigst entgegentreten.

Neben der seitherigen Willkür der Einzelstaaten, dem Gutdünken der Universitäten und dem schwankenden Ermessen der einzelnen Professoren in den Doctorprüfungen — die ja nicht abgeschafft werden sollen — wird die Gebundenheit an bestimmte Vorschriften, die für anderweitige Prüfungen bereits besteht, von Hochschullehrern und Schülern freilich theilweise schwer empfunden werden. Aber die dringend gebotene Gesundung der Verhältnisse wird sich ohne diese bittere Arznei nicht erzielen lassen, keineswegs, wie seitherige Erfahrungen gelehrt haben, durch eine „moralische Action“ (vgl. S. 35). Eine im geplanten und besprochenen Sinne von Reichswegen zu erlassende Prüfungsordnung wird sittlichend wirken auf Lehrer, Examinatoren und Schüler.

VII. Befürwortung der geforderten Gleichberechtigung der technischen Hochschulen mit den Universitäten.

Die technischen Hochschulen sind in der Prüfungsordnung als gleichberechtigt hingestellt für die Ausbildung und Prüfung der Chemiker. Wenn die Universitäten dieselben als fremde unliebsame Eindringlinge abwehren wollten, so würden sie in fortgesetzter Bethätigung einseitig befangener Anschauungen den Fehler wiederholen, in Folge dessen die technischen Hochschulen sich selbstständig entwickeln mussten, statt mit den Universitäten, in etwas anderer Gestalt, vereinigt zu sein.

Die technischen Hochschulen machen nur eine bezw. eine halbe Facultät aus. Um die Mittel für ein selbständiges Bestehen zu erhalten, mussten und müssen sie zur Erhöhung der leidigen „Frequenz" weitere Kreise heranziehen, die einer streng wissenschaftlichen Ausbildung bei ihrer unzureichenden Vorbildung nicht fähig und auch für ihren künftigen Beruf theilweise nicht bedürftig sind. Sie sind dadurch ein Zwitterding geworden, das einerseits volle wissenschaftliche Ausbildung erstrebt, welche nur bei entsprechender Vorbildung möglich ist, andererseits aber auf die mehr handwerksmässige Abrichtung nicht verzichten, also die Aufgaben gleichzeitig lösen will, welche füglicherweise auf zwei ganz verschieden eingerichtete Anstalten vertheilt sein sollten.

Gerade die Seite der Thätigkeit, auf welche die technischen Hochschulen selbst ihre besondere Befähigung zur Ausbildung technischer Chemiker zu gründen versucht haben, wird von den sachverständigen, in der chemischen Industrie in leitender Stellung thätigen technischen Chemikern nicht nur nicht anerkannt, sondern geradezu als verderblich und zugleich die für den Techniker in erster Linie erforderliche wissenschaftliche Ausbildung vereitelnd bezeichnet.

Bezüglich der geforderten Errichtung von Lehrstühlen für technische Chemie an den Universitäten sagt Dr. Böttinger[1]) in seiner Abgeordnetenhausrede vom 28. April 1897: „Für den Unterricht in der technischen Chemie sind keine Laboratorien nöthig.

---

[1]) Zeitschrift für angewandte Chemie 1897, S. 319.

Hierfür sind die Vorlesungen, die Sammlungen, die Zeichnungen, hierfür ist es nöthig, dass die jungen Leute auf Excursionen bekannt werden mit den hauptsächlichsten chemischen Verfahren.“ Im Einklang hiermit heisst es in einem an den Staatsminister Dr. Bosse gerichteten Gesuch des Vereins deutscher Chemiker um Errichtung von Extraordinariaten für allgemeine, speciell für technische Chemie, welches in der Generalversammlung am 10. Juni 1897 beschlossen wurde [1]): „Wir wollen nun die technische Chemie nicht in dem Sinne gelehrt wissen, dass auf diesem umfangreichen Gebiete alle Specialzweige mit allen Details der Verfahren und Apparate berücksichtigt werden. Was wir aber von jedem Chemiker verlangen müssen, ist die Kenntniss der in der chemischen, anorganischen und organischen Grossindustrie maassgebenden chemischen Reactionen und die Art ihrer Anwendung. Um den Chemie Studirenden diese Grundbegriffe der technischen Chemie — Rohstoffkunde, Arbeitsverfahren und die für die Allgemeinheit wichtigen chemisch-technischen Processe — beizubringen, dazu bedarf es nicht technisch-chemischer Laboratorien, ein praktisches Arbeiten ist nicht erforderlich, dazu ist ein die chemisch-technischen Verfahren an sicherlich von der chemischen Technik gern zur Verfügung gestellten Zeichnungen und Präparaten demonstrirender Vortrag vollkommen ausreichend, wenn damit technische Excursionen unter Leitung eines erfahrenen und mit der Technik Fühlung unterhaltenden Lehrers verbunden sind.“

In der Besprechung der Angelegenheit hatte Director Lüty [2]) gesagt: „Es würde sich in der Hauptsache darum handeln, dass der Staat die Unterkunftsräume für die technologischen Sammlungen zur Verfügung stellt. Ich möchte mich principiell dagegen aussprechen, dass man etwa eigene technologische Laboratorien an den Universitäten errichte; diese Institute werden, soweit meine Erfahrungen in Bezug auf unsere Hochschulen reichen, nicht dasjenige leisten, was man von ihnen erwartet. Wir haben an drei preussischen technischen Hochschulen je ein technologisches Unterrichtslaboratorium mit Arbeitsplätzen und haben in diesen Laboratorien eine Anzahl Chemiker beschäftigt mit Untersuchungen, Herstellung von Präparaten u. s. w. Ja, meine Herren, ich war in der Lage, an zwei dieser Laboratorien theils während meiner

[1]) Zeitschrift für angewandte Chemie 1897, S. 515.
[2]) Zeitschrift für angewandte Chemie 1897, S. 517.

Studienzeit, theils nach derselben als Assistent thätig zu sein und muss aufrichtig gestehen: das hätten wir ebenso gut im anorganischen Laboratorium machen können. Wir haben Präparate und Analysen gemacht, wie im anorganischen Laboratorium und namentlich war der grosse Apparat nicht zweckentsprechend verwendet.“ Derselbe führt dann weiter noch aus, dass überhaupt nicht in technologischen Laboratorien die Methoden gepflegt werden können, welche in der Technik hauptsächlich gang und gäbe sind, einmal weil den Lehrern naturgemäss die benöthigten praktischen Fabrikerfahrungen abgehen, und zum anderen, weil auch die zu den technischen Untersuchungen nöthigen Materialien nicht zur Verfügung stehen. Auch von dem an manchen technischen Hochschulen geübten Entwerfen von chemischen Fabrikanlagen kann Lüty nichts Erspriessliches erwarten, weil der Docent mit der praktischen Ausführung der Processe nicht in Berührung gewesen ist, die Einzelheiten der Fabrikation und ihre Bedürfnisse nicht kennt. Mit diesen Dingen könnten aber nur solche Männer hinreichend bekannt sein, welche in leitender Stellung aus der chemischen Technik reiche Erfahrungen sammeln konnten. Diese für die technischen Hochschulen als Lehrer zu gewinnen fehlten aber die Mittel.

Hiernach ist es gewiss nicht dienlich, bei dem Unterricht in der technischen Chemie über das hinausgehen zu wollen, was hervorragende Vertreter der Technik für allein erreichbar aber auch für ausreichend erachten und was zugleich mit verhältnissmässig geringen Mitteln geleistet werden kann. In diesem Sinne ist an der Universität Giessen technische Chemie seit zwei Jahren gelehrt worden, nachdem auf meine Anregung bei der Universität die Regierung erfreulicherweise nicht gezögert hat, einen Lehrauftrag für technische Chemie zu ertheilen und die bescheidenen Mittel zu bewilligen zur Instandsetzung von Räumen für die im chemischen Laboratorium zu schaffende technische Sammlung. Gelegentlich der Ausflüge des Docenten mit den Studirenden zur Besichtigung von Fabriken, wurde nicht nur diese bereitwilligst gewährt nebst den nöthigen Erklärungen von sachverständigen Fabrikbeamten, sondern meist auch wurden als Beitrag für die technische Sammlung Rohstoffe, Zwischenstufen und Enderzeugnisse mit dankenswerther Bereitwilligkeit zum Geschenk gemacht. Schwierigkeiten bereitet nur die Beschaffung von grösseren Zeichnungen jetzt gangbarer Apparate, nachdem die noch von Friedr. Knapp, dem früheren hiesigen Professor der chemischen Technologie, vorhandenen doch meist veraltet sind und hier und da nur noch das Princip eines Vorgangs veranschaulichen können, was zwar allenfalls für die Vorlesungen über Experimentalchemie ausreichen kann, aber doch nicht für eine solche über technische Chemie. Indess lässt sich bei geringer Zuhörerzahl durch die in den Lehrbüchern, Jahresberichten und Zeitschriften gegebenen Abbildungen einigermaassen aushelfen. Hiermit wäre dem von den Technikern der chemischen Praxis gestellten Verlangen genügt. Entsprechende Einrichtungen lassen sich leicht an jeder Universität schaffen. Ein chemisch allgemeinwissenschaftlich durchgebildeter Docent wird sich bei gutem Willen leicht in den Lehrstoff hereinarbeiten und die praktischen Beziehungen mit einschlägigen chemischen Fabriken pflegen können. Was die technischen Hochschulen zum Theil mehr bieten, ist nach den obigen sachkundigen Urtheilen anerkannter Vertreter der chemischen Industrie vom Uebel. Damit schwindet der angebliche Vorzug, welchen nach der praktischen Seite hin die Professoren der technischen Hochschulen zuweilen in Anspruch genommen haben.

Es bleibt also noch die Frage zu erörtern, wie steht es mit der Gleichwerthigkeit der technischen Hochschulen bezüglich der rein wissenschaftlichen chemischen Ausbildung? Von jeher habe ich die Ansicht vertreten, dass die Chemie auf technischen Hochschulen und Universitäten in ganz gleicher Weise zu lehren ist. Vermuthlich haben alle Fachgenossen an Universitäten sich derselben immer mehr zugeneigt. Jedenfalls wird wohl keiner mehr die früher gehörte Ansicht aufrecht erhalten wollen, dass es die Aufgabe der technischen Hochschulen sei, minderwerthige, vorwiegend auf praktische Anwendung gedrillte, abgerichtete Chemiker heranzubilden. Dies geht als gegenstandslos nicht mehr an, nachdem erfahrene und einsichtsvolle Industrielle selbst derartige Chemiker zurückweisen als auf die Dauer unbrauchbar, weil nicht fortbildungsfähig.

So erklärte vor einigen Jahren Director Dr. E. O. v. Lippmann[1])-Halle, „dass es sich in Fachschulen im grossen Durchschnitte nur um Drill, nicht um Erziehung handeln kann, und dass

[1]) Zeitschrift für angewandte Chemie 1894, S. 374.

dieser Drill zu Allem eher führt, als zum selbstständigen chemischen Denken, wie es der Chemiker und Leiter eines industriellen Werkes auf Schritt und Tritt entfalten muss. Es ist daher zu befürchten, dass auf solche Weise eine Generation von Halbwissern herangezogen werde, die der deutschen Industrie weder zum Nutzen, noch zur Ehre gereichen kann, die jenen Leuten, die wirklich etwas gelernt haben, die Erlangung gebührend bezahlter Stellungen erschwert, die endlich an ihre eigenen Beamten noch niedrigere Anforderungen stellen und so das Niveau chemischer Bildung immer tiefer herabdrücken wird. Richtig ist es ja freilich, dass Männer von Charakter und Fähigkeit, auch mit blosser Fachschulbildung ausgerüstet, ja selbst ohne Vorbildung, aus eigener Kraft Grosses geleistet haben; dies bleibt aber doch immer eine Ausnahme".

Im späteren Anschluss hieran beleuchtete Kathreiner[1])-Worms das Uebel, das durch Chemiker zweiten und dritten Ranges die deutsche chemische Industrie bedrohe und mahnte zu energischer Stellungnahme gegen die Drillschulen, die nur geeignet seien, die deutsche Industrie in nachhaltiger Weise zu schädigen.

Professor Dr. Laubenheimer, Director an den Farbwerken in Höchst, erklärte mir 1895 brieflich: „Die rein wissenschaftliche Durchbildung ist die beste Vorbereitung für die Praxis."

Wenn also die wissenschaftliche Durchbildung in erster Linie auch die Aufgabe der technischen Hochschulen sein muss, so fragt es sich, ob sie hierzu, gleich den Universitäten, die geeigneten Lehrkräfte und Einrichtungen haben. Soweit dies nicht der Fall ist, wäre eine gebotene Ergänzung ebenso leicht auszuführen, wie die oben (S. 47 bis 50) besprochene mancher Universitäten nach der technischen Seite hin. Mit einer weiteren Professur für theoretische und physikalische Chemie würde eine etwaige Lücke auszufüllen sein.

Man könnte nun einwenden gegen die behauptete Gleichwerthigkeit, dass Professoren eine äusserlich gleiche Stellung an einer Universität vorzuziehen pflegen, dass die technischen Hochschulen bei Berufungen und Habilitationen häufig nachsichtiger sind als die Universitäten. Es lassen sich hierfür mancherlei Erklärungsgründe angeben. Für viele Hochschullehrer wird es

---

[1]) Bericht der Kölnischen Zeitung vom 23. Mai 1894.

einen gewissen Reiz haben, auch mit den Vertretern anderer Fächer verkehren zu können. Eine technische Hochschule bleibt immerhin eine abgesonderte recht einseitige Anstalt gegenüber einer Universität. Die geschichtliche Vergangenheit und die damit verbundene altgewohnte allgemeine Hochschätzung der Universitäten kann auch in Betracht kommen gegenüber den jugendlichen technischen Hochschulen. Der Hauptgrund liegt aber wohl in der durchschnittlichen Minderwerthigkeit des Schülermaterials. Der Bruchtheil der Studirenden, welcher keine für die rein wissenschaftliche Ausbildung befähigende Vorbildung besitzt, ist ein sehr grosser an den technischen Hochschulen. Nach den im Abschnitt IV (vgl. besonders S. 20) gegebenen Ausführungen über die Bedeutung der abgelegten Reifeprüfung bedarf es keiner weiteren Erörterung, dass durch diesen Umstand die Lehrthätigkeit in ihrer wissenschaftlichen Höhe auf einen niedrigeren Stand herabgedrückt werden muss.

Gerade die Einführung der Reichschemikerprüfung mit unerlässlichem Reifezeugniss wird die technischen Hochschulen nöthigen, zur Herabminderung der unzureichend vorgebildeten Schülerzahl bezw. zur Ertheilung eines besonderen Unterrichts an die „reifen“ Schüler. Würde das Reifezeugniss nicht unerlässliche Vorbedingung werden, so könnte nach Einführung der Chemikerprüfung der Unfug an technischen Hochschulen noch viel stärker gedeihen als jemals der Doctorunfug an Universitäten. Man bedenke nur, dass technische Hochschulen entweder immature Schüler in grosser Zahl als ordentliche Hörer aufnehmen und dann zu den Diplomprüfungen unbeanstandet zulassen, oder die immaturen inländischen Studirenden zwar nicht als ordentliche Hörer aufführen, aber zum Diplomexamen zulassen, also dem äusseren Anschein nach streng verfahren, in Wirklichkeit aber sehr lass. Man übersetze sich dieses Verfahren auf eine Chemikerprüfung ohne Reifezeugniss, und man wird zurückschrecken vor den Folgen, wenn nicht nur alle deutschen Universitäten unter sich, sondern mit diesen auch noch die technischen Hochschulen in Wettbewerb treten um die Erzielung hoher Chemiker-„Frequenz“. Das jetzt schon im Uebermaass vorhandene, grossentheils mit dem Doctorstempel versehene, chemische Proletariat würde sich in's Ungemessene vermehren, von Reichswegen geziert mit dem Anschein genossener akademischer Durchbildung.

Es ist bezeichnend für die technischen Hochschulen, dass gerade von Seiten ihrer Schüler selbst seit einigen Jahren sich eine öffentliche Agitation gegen das durch die zahlreichen Immaturen herbeigeführte Unwesen erhoben hat. Auf dem letzten Verbandstag der Studirenden der deutschen technischen Hochschulen in Eisenach am 5. Juli 1897 haben die Vertreter der letzteren beschlossen: „Grundsätzlich kann nur derjenige als Studirender an einer deutschen technischen Hochschule immatrikulirt werden, der im Besitze des Abiturientenzeugnisses eines Human- oder Realgymnasiums oder einer Oberrealschule ist“ und ferner: „An den deutschen Reichstag ist eine Petition dahin lautend zu richten, dass grundsätzlich nur diejenigen durch einen noch näher zu bestimmenden, staatlich geschützten Titel ausgezeichnet werden sollen, welche nach bestandenem Abiturientenexamen die Staats- oder Diplomprüfung abgelegt haben. Die Prüfungsvorschriften sind einheitlich zu regeln“.

Also man verlange gemäss den vorliegenden Vorschlägen der Prüfungsordnung von dem Staatschemiker unbedingt ein Reifezeugniss und stelle dann, wie es der Billigkeit entspricht, die technischen Hochschulen in gleiche Linie mit den Universitäten. Durch diese unerlässliche Beibringung eines Reifezeugnisses würden die Hauptgefahren einer allgemeingiltigen Chemikerprüfung schwinden. Aber es würde damit auch die allgemeine Einführung der Bestimmung näher gerückt, dass auch für die Doctorprüfung der Universitäten endlich die bestandene Reifeprüfung als unerlässliche Vorbedingung zu gelten habe. Oder würden vielleicht die Universitäten es ertragen wollen, dass man von einem Chemiker sagen dürfte: die Staatschemikerprüfung hat er nicht ablegen können (auch die Nahrungsmittel-Chemikerprüfung nicht), weil er den Nachweis der für ein erfolgreiches Studium nöthigen Schulbildung durch ein Reifezeugniss nicht hat erbringen können, deshalb hat er sich mit der Erwerbung des Doctortitels begnügen müssen, der höchsten akademischen Würde, welche die Universitäten zu vergeben haben.

Man suche ferner die weiteren Gefahren für die tüchtige Ausbildung der Chemiker, welche eine für das ganze Reich geltende Prüfung mit sich bringt, durch die nun einmal nicht ganz auszurottende „Frequenzsucht“ der einzelnen Unterrichtsanstalten und die daraus erwachsenden Unterbietungsbestrebungen in den Anforderungen an die Studirenden, auf einen Mindestbetrag zurückzudrängen durch die im Abschnitt VI besprochenen, meist schon im Prüfungsordnungsentwurf des Vereins deutscher Chemiker enthaltenen Vorbeugungsmaassregeln.

Zur Förderung eines friedlichen Verhältnisses zwischen Universität und technischer Hochschule, wozu ja auch der Prüfungsordnungsentwurf beitragen will, halte ich es für dienlich in Erinnerung zu bringen, dass das gesonderte Bestehen technischer Hochschulen, eine von jüngeren Fachgenossen vorgefundene Thatsache, nicht an sich selbstverständlich ist. Die Daseinsberechtigung der technischen Hochschulen ist nicht in der Natur der Sache selbst, nicht in einem Unterschied des zu behandelnden Stoffes oder der Art der Behandlung begründet, sondern zumeist in der einseitigen Befangenheit, dem kurzsichtigen Hochmuth der Universitäten gegenüber den emporkeimenden Naturwissenschaften. Die Hindernisse, welche der Entfaltung der letzteren innerhalb der Universitäten entgegengestellt wurden und die Missachtung, welche man gegen Alles, was „technisch" hiess, hegte und bethätigte, musste bei dem allgemeinen Lebensbedürfniss nach praktischer Anwendung der Naturwissenschaften zur naturgemässen Folge haben die Entstehung von gesonderten Unterrichtsanstalten, welche dann ihrerseits wiederum in einseitigem Gegensatz zunächst das Hauptgewicht auf unmittelbare praktische Ausbildung legten, um dann später immer mehr und mehr auch den rein wissenschaftlichen Grundlagen der praktischen Anwendungen sich zuzuwenden auch ohne stete Betonung dieser.

Man könnte darauf hinweisen, dass ja die Naturwissenschaften und in Sonderheit die Chemie auf den Universitäten stark vertreten seien. Aber für das praktische Bedürfniss ist es damit viel zu langsam gegangen. Der sich entgegenstemmende Widerstand der an Zahl weitaus überwiegenden Vertreter der geschichtlichen Wissenschaften hat die Anerkennung der Naturwissenschaften und insbesondere der Chemie an den deutschen Hochschulen äusserst verzögert, und bis in die neueste Zeit erfolgt dieselbe wohl mehr durch ein unvermeidliches Nachgeben gegenüber dem übermächtigen Strome der Zeit als in freudig entgegenkommender Ueberzeugung.

Hierfür einige Belege aus der Vergangenheit der Universität Giessen, an welcher ja durch Liebig die Chemie zuerst in hervorragender Weise gepflegt wurde. Als letzten will ich dasjenige

Verhalten dieser Universität gegenüber den technischen Wissenschaften anreihen, welches der Ausgangspunkt für die Verlegung der Lehre dieser Wissenschaften nach Darmstadt wurde, für die Entstehung des vormaligen Polytechnikums, der jetzigen technischen Hochschule.

Im Jahre 1825 hatte Liebig mit zwei Collegen die Errichtung einer pharmaceutisch-technischen Lehranstalt beantragt. Ein Mitglied des Senates bekämpfte den Antrag in seinem Gutachten mit der Behauptung, dass es bekanntlich die Aufgabe der Universität sei, die künftigen Staatsdiener heranzubilden und folglich ihr gänzlich fern liege die Ausbildung der Apotheker, Seifensieder, Bierbrauer, Liqueurfabrikanten, Färber, Essigsieder, Drogisten und Spezereikrämer, obwohl die Wichtigkeit derselben anzuerkennen sei.

Dementsprechend pflegten auch späterhin einige Collegen Liebig nur den „alten Seifensieder" zu nennen. Die Studirenden der Chemie hiessen bis in die 1850er Jahre allgemein „Blaufärber", worauf dieselben mit gutem Humor reagirten, indem sie gelegentlich öffentlicher Aufzüge in blauen Kitteln erschienen, blaues Ultramarin ausstreuend.

Später hat ja Liebig bekanntlich unter damaligen Umständen verhältnissmässig viel erreicht für allmähliche Vergrösserung seines Laboratoriums[1]), für Schaffung von Stellen für Diener, Assistenten und auch weitere Docenten. Zur Seite stand ihm jedoch, wie aus den Acten des chemischen Laboratoriums, der Facultät, des Senates und auch aus Liebig's Briefen hervorgeht, mächtig helfend die meist günstige Stimmung in Darmstadt für seine Ziele, die von da aus auch sonst noch besondere Förderung fanden. So erzählte

---

[1]) Bei dieser Gelegenheit möchte ich zur nachträglichen Ehrung wenig bekannter Verdienste bemerken, dass schon vor Liebig's Berufung — 1824 als ausserordentlicher Professor ohne Wissen der Universität — die Räume für sein chemisches Laboratorium erkämpft waren. Es war dies durch thatkräftiges Betreiben des damaligen Physikers G. G. Schmidt geschehen, des sogenannten „Luft-Schmidt" (zur Unterscheidung von einem gleichnamigen Theologen, dem „Himmel-Schmidt"). Physiker Schmidt hat auch in der Folge die Ansprüche Liebig's stets unterstützt bei den Universitätsbehörden in der verständigsten und wirksamsten Weise. In der ersten Liebig'schen Zeit machen auch Verfügungen des Ministers v. Grolman durch das bei der Neuheit der chemischen Verhältnisse überraschend einsichtsvolle Urtheil, welches über kleinliche Meinungen von Universitätsbehörden mit sicherer Ueberlegenheit vornehm hinwegschreitet, einen überaus wohlthuenden Eindruck.

mir Grossherzog Ludwig III. gelegentlich einer Audienz 1869, dass Liebig auch aus der Grossherzoglichen Privatschatulle Unterstützungen empfangen habe.

Dass aber auch an dieser wohlwollend und günstig gesinnten allerhöchsten Stelle gelegentlich Anschwärzungen Liebig's seitens edler(?) Collegen versucht wurden, lehrt folgende durch mündliche Ueberlieferung verbreitete Anekdote, deren thatsächliche Grundlage um so weniger zu bezweifeln ist, als in ihr der bekannte richtige Einblick Ludwigs III. in jeweilig vorliegende Verhältnisse und seine Gepflogenheit, dieselben durch den ihm zu Gebote stehenden gesunden schlagfertigen Witz zu beleuchten oder abzuthun, in bezeichnender Weise hervortritt. Zwei Vertreter der „Geisteswissenschaften“ hatten in irgend einer Angelegenheit Audienz. Ludwig III. fragte bei dieser Gelegenheit: „Was macht denn mein Liebig?“ Die Antwort lief in die verdächtigende Bemerkung aus: Liebig sei doch ein arger Materialist. Ludwig III. hatte für diese Denunciation die rasche Abfertigung: „Das wundert mich gar nicht, sein Vater ist es ja auch schon gewesen.“ (Bekanntlich hatte Liebig's Vater eine „Materialienhandlung“ in Darmstadt.)

Wie sehr auch noch in späteren Zeiten die richtige Erkenntniss des Wesens naturwissenschaftlicher Forschung und des naturwissenschaftlichen Unterrichts mitunter in denjenigen akademischen Kreisen mangelte, welche den ihrer Meinung nach unbestreitbaren Anspruch auf allgemeine Bildung zu erheben pflegen, mag ein eigenes Erlebniss lehren. Bei der Abstattung meiner Antrittsbesuche als Privatdocent der Chemie empfing mich 1864 ein namhafter Vertreter der „Geisteswissenschaften“ mit der Frage: was wollen Sie denn noch hier als Privatdocent der Chemie, ich dächte, wir hätten mit zwei Chemikern mehr als genug (die beiden Chemiker waren der ordentliche Professor der Chemie und sein Assistent, der ausserordentlicher Professor war). Bei meiner Weiterwanderung gab mir ein Fachgenosse dieses in seiner Meinungsäusserung mehr aufrichtigen als höflichen Mannes die naive Erklärung: die Vertretung der Naturwissenschaften an den Universitäten sei nun einmal eingerissen, dieselben gehörten aber nicht dahin und er hoffe, es würden diese praktischen Fächer in nicht allzu ferner Zeit wieder von den Universitäten abgetrennt und auf besondere Fachschulen angewiesen werden. Nach diesen und anderen Erfahrungen war es mir nicht unerwünscht, dass der Neubau eines chemischen Laboratoriums mir 1882 bei den Berufungsverhandlungen vom damaligen Staatsminister v. Starck als selbstverständlich zugesagt worden und sonach über dessen Nothwendigkeit nicht noch innerhalb der Universität zu verhandeln war, sondern nur den Landständen gegenüber von Seiten der Baubehörden die von mir in meinem eingeforderten Bericht erwiesene gänzliche Unzulänglichkeit der seit Liebig's Zeiten nicht verbesserten und nicht erweiterten Laboratoriumsräume zu bestätigen war, um die Genehmigung zur Ausführung des vorgelegten Planes eines Neubau's zu erhalten. Die Fortdauer der erwähnten beschränkten Engherzigkeit beweist die Thatsache, dass sogar einige Jahre später 1888 bei Verhandlung eines von mir gestellten Antrags auf Remunerirung eines Privatdocenten der Chemie ein College in der Facultät erklärte, er sehe nicht ein, warum man für Schwefelwasserstoffproduciren so viel Geld ausgeben solle. Damals wurde auch der Antrag abgelehnt unter Mitwirkung noch anderer Sonderinteressen (vgl. den späteren besseren Erfolg 1894 auf S. 49).

In kurzsichtiger Bethätigung solcher, durch die vorstehenden Erzählungen geschilderten, beschränkter und engherziger Anschauungen hat die Universität Giessen den Anlass zur Schaffung des Polytechnikums in Darmstadt gegeben. Von einer Anzahl Professoren war die Errichtung eines Gebäudes für die technischen Fächer an der Landesuniversität betrieben worden in der ihnen zugleich vorschwebenden Absicht, dann auch durch Schaffung weiterer Lehrstellen die Universität nach der technischen Seite hin zu erweitern. Der Antrag wurde 1867 von der Universität abgelehnt. Noch im gleichen Jahre begannen in Darmstadt die erfolgreichen Bestrebungen zur Errichtung eines dortigen Polytechnikums. An dieses wurden später auch die bis dahin an der Universität bestandenen Lehrstühle für Architektur und Ingenieurwissenschaften verlegt.

Man hat also wenigstens in der Darmstädter technischen Hochschule ein Stück Universität zu sehen, welches letztere man damals am eigenen Leibe nicht auswachsen lassen wollte. In jüngerer Zeit ist man freilich damit einverstanden, die fehlenden Glieder nach Möglichkeit zu ergänzen. Ein Lehrauftrag für technische Chemie und Nahrungsmittelchemie ist ertheilt worden (vgl. S. 49 und 57), ein physikalisch-chemisches Laboratorium ist im Bau begriffen, in welchem auch die Elektrochemie besonders berücksichtigt sein wird, ebenso ein neues physikalisches Institut. Warum soll man aber für die Ausbildung und Prüfung der Chemiker dem gesondert bestehenden Stück Universität nicht die gleichen Rechte gönnen, wie den nämlichen mit der Universität verbundenen Lehranstalten, zumal es dadurch sich wissenschaftlich nur weiter entfalten kann, gleichwie die Universitäten, soweit es noch nicht geschehen ist, nach der technisch-chemischen Seite durch die Prüfungsordnung für Staatschemiker eine Ergänzung erfahren werden. Bei der unbedingten Forderung eines Reifezeugnisses und den bindenden Bestimmungen des Prüfungsordnungsentwurfs ist ein starker Missbrauch nur bei bedeutendem Mangel an Gewissenhaftigkeit der betreffenden Lehrer und Examinatoren zu erwarten. Diesen darf man ohne Weiteres nicht voraussetzen. Vorkommenden Falles aber würde demselben, an Universitäten wie an technischen Hochschulen, die in dem gelieferten Chemikermaterial sehr feinfühlige Industrie, die ziemlich erstarkte öffentliche Meinung unzweifelhaft kräftig entgegentreten, und von diesen rücksichtslosen Mächten gedrängt — freilich zahmer, in gewohnter schonender Rücksicht auf vermuthlich in der Form noch berechtigte (?) Eigenthümlichkeiten des krankhaft empfindlichen Particularismus — wohl auch die betreffenden Reichsbehörden.

Sollte aber wider Erwarten die von Reichswegen zu regelnde Staatschemikerprüfung auch in der geplanten Einrichtung sich nicht wirksam genug erweisen gegenüber menschlichen Schwächen, oder die Einführung derselben gar abgelehnt werden, so müssen nothgedrungen die tüchtiger Chemiker bedürftigen Fabriken die Prüfung selbst in die Hand nehmen. Verbände grösserer Fabriken können übereinkommen, keinen Chemiker aufzunehmen, ohne den Nachweis der von ihnen geforderten praktischen Thätigkeit im chemischen Laboratorium. Bei der wissenschaftlichen Ausbildung, der praktischen Erfahrung und der Uebung in schöpferischer Thätigkeit ihrer in leitenden Stellungen befindlichen Chemiker, welche vielfach früher Docenten und Assistenten waren (vgl. S. 33) und den Fortschritten der Wissenschaft unter Benutzung der reich ausgestatteten Fabriksbibliotheken zu folgen pflegen, würden sich geeignete Examinatoren auch für die theoretische Prüfung finden lassen und die praktische analytische und präparative Prüfung in den mit allen Hilfsmitteln ausgerüsteten Fabrikslaboratorien selbstverständlich gar keine Schwierigkeit bieten. Sonach könnte von Fabrikswegen die

Prüfung der Chemiker einheitlich geregelt und vorgenommen werden, wenn dies von Staatswegen nicht oder unzulänglich geschieht. Haben doch schon seither einzelne Fabriken die Bewerber um Stellen, auch die Doctoren bei der zweifelhaften Bürgschaft dieses Titels, der Sache nach einer mündlichen Prüfung unterworfen.

Keineswegs will ich die angedeutete Einrichtung als eine wünschenswerthe bezeichnen und die Vertreter der chemischen Industrie thun dies vorläufig auch nicht. Aber sie wird zum unvermeidlichen Ausweg werden, wenn die Bedürfnisse der chemischen Industrie nicht in gewünschter Art Befriedigung finden. Die Hochschulen würden dann in ihrer Thätigkeit in ein grösseres mittelbares Abhängigkeitsverhältniss von den Fabriken gerathen, als es ihnen unmittelbar vom Staate durch die geforderten Einrichtungen zugemuthet wird. Hoffentlich wird die deutsche chemische Industrie vom Reich und dessen Einrichtungen und ihrer Handhabung bei dieser das Allgemeinwohl empfindlich berührenden Angelegenheit von hoher wirthschaftlicher Bedeutung nicht gedrängt werden zu dieser Handlung der Nothwehr.

VIII. Der Titel für geprüfte Chemiker.

Für die in der Staatsprüfung bestandenen Chemiker ist von verschiedenen Seiten und aus verschiedenen Gründen die Ertheilung eines Titels vorgeschlagen worden. Meistens entschied man sich für „Staatschemiker", auch „Regierungschemiker" wurde gewünscht. Neuerdings hat nun der Vorstand des Vereins deutscher Chemiker berichtet[1]): „Den geprüften Chemikern einen besonderen Titel zu verleihen, hält man im königlich preussischen Cultusministerium nicht für angemessen. Excellenz Bosse weist es geradezu von der Hand, der ohnehin übergrossen und nicht zu billigenden Titelsucht irgend welchen Vorschub zu leisten; es stehe ja Jedem, der die Prüfung bestanden hat, ohnehin frei, sich staatlich geprüfter Chemiker zu nennen, und auch in der Commission sind wir der Ansicht, dass es für den staatlich geprüften Chemiker eines besonderen Titels nicht bedarf und dass

[1]) Zeitschrift für angewandte Chemie, 1897, S. 506.

Derjenige, welcher einen solchen wünscht, nach wie vor sich der Doctorpromotion unterziehen und damit den Doctortitel holen kann."

Warum will man bei der allseitig verschwenderisch geübten Austheilung von Titeln gerade bei den strenge zu prüfenden und dem Staate so überaus einträglichen (vgl. S. 13) tüchtigen Chemikern einhalten? Warum soll gerade ihnen die für den Staat kostenlose Befriedigung einer deutschen Nationaleigenthümlichkeit versagt bleiben, die Fürst Bismarck nach Zeitungsnachrichten neulich tischgesprächsweise geschildert hat mit den Worten: „Wir Deutsche sind eigentlich immer noch eine Unteroffiziersnation. Jeder ist auf die Tressen erpicht. Durchschnittlich hat Jeder im öffentlichen Leben Stehende nur das Maass von Selbstgefühl, das seiner staatlichen Abstempelung, seinem staatlichen Rang und Ordensverhältnissen entspricht. Ausnahmen sind rühmlich, aber selten."

Hat man doch das Titelwesen und damit die Titelsucht sogar in Universitätskreise getragen, denen solche Dinge besser fremd geblieben wären, hauptsächlich dadurch, dass man den Lehrern an Mittelschulen nicht etwa mehr in einzelnen Fällen auf Grund wissenschaftlicher Leistungen, sondern im Allgemeinen nach einer gewissen Reihe von Dienstjahren den Titel „Professor" zuerkennt. Da musste denn der Universitätsprofessor in entsprechender Weise irgend was „Geheimes" werden.

Auch sonst muss man sich bedenken, einen Beamten mit der seiner Dienststellung entsprechenden Bezeichnung anzureden, ohne sich vorher nach dem ihm etwa persönlich verliehenen Titel erkundigt zu haben zur Vermeidung von Verstössen. Da könnte man denn auch einem durch eine strenge Staatsprüfung gegangenen Chemiker den Titel „Staatschemiker" oder auch „Regierungschemiker" gönnen, wie man ja auch „Regierungsbaumeister" ausserhalb des Staatsdienstes hat. Es würde damit auch ein der Billigkeit entsprechendes Zugeständniss gemacht sein an die technischen Hochschulen, die den Doctortitel nicht zu vergeben haben, und zugleich die Doctorfabrikation an den Universitäten gemindert werden. Zwar wird „Frau Staatschemiker" anfangs gegen „Frau Doctor" noch etwas ungewöhnlich lauten. Aber das wird sich bald legen.

Es gehört nicht jeder zu den „rühmlichen Ausnahmen", um die ganze Titelfrage als nebensächlich zu betrachten. Wenn beim

Mangel eines Titels die Visitenkarte die Stellung und den Werth des Namensträgers ausdrücken dürfte durch den Zusatz „staatlich geprüfter Chemiker“, so frage ich, wo bleibt die Rücksicht auf „das ewig Weibliche“? Die Frau will doch die Würde und die Bedeutung des Mannes auch auf sich in unverkennbarer Weise übertragen wissen. Kann dies nicht geschehen, so sinkt der ebenfalls streng geprüfte Chemiker unverdientermaassen gegen Andere im Heirathswerth.

Geben wir uns also nach Aufführung der vorstehenden schwerwiegenden Gründe der sicheren Hoffnung hin, dass Excellenz Bosse doch noch ein Einsehen haben und bei der sonst überall üppig genährten Titelsucht auch den „Staatschemiker“ genehmigen wird. Er kostet den Staat ja nichts und thut wohl.

Wird der Besitz eines Reifezeugnisses unerlässliche Zulassungsbedingung, streifen die deutschen Hochschulen die durch gegenseitige Unterbietung in den Anforderungnn sich offenbarende ungesunde „Frequenzsucht“ ab, wozu die Prüfungsordnung, auch schwaches Rückgrat stützend, mächtig beitragen wird (vgl. S. 41), so werden weitaus nicht so viele Staatschemiker zweifelhafter Güte heranwachsen wie seither wissenschaftlich unentwickelte und unbrauchbare chemische Doctoren gezüchtet worden sind. Dann wird die deutsche Chemie Staat machen können mit dem „Staatschemiker“.

IX. Hauptschlussfolgerungen.

Aus vorstehender Schrift darf ich wohl folgende Hauptergebnisse ziehen als durch die dargelegten Verhältnisse und die mitgetheilten Meinungsäusserungen Anderer erhärtete Leitsätze:

1. Die unerlässlichste Vorbedingung bei Einführung einer Staatschemikerprüfung ist die ausnahmslose Forderung eines Reifezeugnisses eines Gymnasiums, eines Realgymnasiums, einer neunklassigen Oberrealschule oder einer ganz gleichwerthigen Vorbildungsanstalt (siehe S. 19 bis 22). Andernfalls könnte der von der geplanten Einrichtung erwartete Nutzen weitaus übertroffen werden durch das angerichtete Unheil (vgl. z. B. S. 52).

2. In der vorgeschlagenen Prüfungsordnung (siehe S. 15) sind

als Fächer nur Chemie, Physik und Mineralogie beizubehalten. Alle übrigen sind zu streichen (siehe S. 16 bis 19).

3. Die technischen Hochschulen sind den Universitäten gleich zu stellen (siehe S. 47 bis 54).

4. Den hieraus und aus der Allgemeingiltigkeit der irgendwo abgelegten Prüfung entspringenden Gefahren ist durch die geeigneten Vorschriften der Prüfungsordnung und durch zweckmässige Ausführungsbestimmungen, ähnlich denjenigen der Vorschriften für die bereits von Reichswegen eingerichteten Prüfungen der Nahrungsmittelchemiker (vgl. S. 41), vorzubeugen. Die Zulassungsbedingungen zur Hauptprüfung (siehe S. 15) lassen sich durch den auf S. 42 erörterten Zusatz noch wirksamer gestalten. Die durch die Bindung an bestimmte Vorschriften angelegten Fesseln werden von einsichtigen und gewissenhaften Lehrern, Examinatoren und Schülern leicht ertragen werden (siehe S. 43); andernfalls sind sie um so heilsamer (siehe S. 35), auch durch die zeitige Abschiebung ungeeigneten Schülermaterials (siehe S. 43).

5. Die jüngst erwachsene Gegnerschaft der Staatschemikerprüfung kann sich mit Recht nicht berufen: weder auf die seitherigen Gesammtleistungen der Doctorprüfungen, die in ihrer Einseitigkeit (s. S. 31) und zudem vielfachen Entartung (s. S. 8 u. 24) den Ansprüchen der Technik (s. S. 10) auf allgemeinwissenschaftliche Ausbildung und praktische Erfahrung nicht genügen; noch auf die angeblichen Schäden einer geregelten theoretischen und praktischen Prüfung (s. S. 29 bis 36).

6. Der deutschen chemischen Industrie kommt es nicht auf die Zahl der gelieferten Chemiker an, sondern auf ihre Qualität (s. S. 10). Sie wird gerne verzichten auf diejenigen, welche nicht durch geregelte zielbewusste Arbeit sich zur Bestehung einer strengen theoretischen und praktischen Prüfung befähigen wollen. Am wenigsten ist ihr gedient mit denjenigen, welche die „Lernfreiheit“ und die angeblich charakterbildende „Freiheit der individuellen Entwicklung“ (s. S. 44 und 26) nur benutzen zur Ausbildung von Bummelei und Genusssucht, auch wenn dieselben schliesslich in Folge der Abwege, auf welche die Universitäten in der Doctorprüfung vielfach gerathen sind, häufig noch „abschneiden“ konnten mit der Erreichung der Würde eines Doctors der Philosophie oder Naturwissenschaften, vielleicht gar unter Benutzung unlauterer Hilfsmittel (vgl. S. 27), nach einer oft

an studentischen Ehren reichen aber sonst wenig rühmlichen akademischen Laufbahn.

7. Die Hochschulen, die technischen und die Universitäten, müssen sich abgewöhnen in der „Frequenz" ihre Hauptleistung darthun zu wollen. Das akademische aber unwissende Proletariat, welches mit der Frequenzhascherei durch die gegenseitige Unterbietung der Hochschulen in ihren Anforderungen grossgezogen wird, gereicht weder der Wissenschaft, noch der Technik, noch dem deutschen Reiche, noch sich selbst zum Vortheil, den deutschen Hochschulen aber nicht zur Ehre. Um von dieser allgemeingiltigen Behauptung auf den besonderen Fall der Chemikerprüfung zurückzukommen, mögen diese Hauptschlussfolgerungen endigen mit der Wiederholung einer neuerlichen Aeusserung von Direktor Dr. C. Duisberg[1]): „Der einzig gangbare Weg, um die bestehenden Examina zu verbessern, um eine durch ganz Deutschland gleichmässig für Universitäten wie für technische Hochschulen geltende einheitliche Regelung der Erziehung der Chemiker durchzuführen, um den Stand der Chemiker zu heben und ihm nur bessere Elemente zuzuführen, um die zwischen den beiden Ausbildungsanstalten bestehende Kluft zu überbrücken, ist, ohne dass eine Schädigung der chemischen Wissenschaft, der Universitäten und des Doktorexamens eintritt, die Einführung des von uns geplanten staatlich zu regelnden Chemikerexamens."

---

[1]) Zeitschrift für angewandte Chemie, 1897, S. 541.

FSC
www.fsc.org
MIX
Papier | Fördert gute Waldnutzung
FSC® C083411

Kolibri 360 GmbH
Ferdinand-Jühlke-Straße 7
99095 Erfurt, Deutschland
produktsicherheit@kolibri360.de